横須賀鎮守府

田中宏巳著　有隣堂発行　有隣新書――80

横須賀鎮守府庁舎（二代目）　横須賀市自然・人文博物館蔵

はじめに

横須賀鎮守府の前身である東海鎮守府が設置されたのが明治九（一八七六）年九月、その後継である横須賀鎮守府が廃止されたのが昭和二十（一九四五）年十一月、したがって鎮守府の存在期間は六十九年余になる。すでに戦後は七十一年を越え、鎮守府のない時間の方が長いことになる。そして間もなく海軍が存在した期間よりも、なくなった戦後の方が長くなる。

平成二十七（二〇一五）年十月の人口統計によれば、戦後生まれが総人口の八割を越えた。鎮守府や旧海軍のない時代に生まれた世代が日本人の大部分を占めるに至ったわけで、鎮守府や海軍に関心を持つ日本人が少なくなったといわれるが、それは自然な趨勢であろう。

だが鎮守府跡に記念の石碑が一つ立っているだけなら、ごく一部の者に関心があるだけでもいいが、鎮守府や海軍が営々と築いてきた財産が米海軍基地及び海上自衛隊に引継がれ、戦前と変わらない軍港の機能が維持されているとすれば事情は違ってくる。鎮守府がどんな問題をかかえていたか、鎮守府と周辺市町村との関係はどうであったのかといった問題は、今日でも無関心でいられない。軍港の機能で戦前と戦後の違いは、戦前は数々の艦艇の一大建造拠点でもあったのが、戦後はまったくなくなったことである。今日の横須賀を中心とする地域経済はこの変化の上に成り立っているはずで、戦後の理解に欠かせない意義がそこにある。戦後も鎮守府が残した諸施設が継承され、使用されている横須賀の場合、鎮守府の組織制度や取組んだ施策について考えることは、地域の将来にとっても有益である。

鎮守府は兵を養い、艦艇を整備し、艦隊を後方で支えることを使命とする地方機関であり、直接戦う機関ではない。したがって敵との勇ましい戦いとは縁遠く、海戦が海軍のすべてと思い込んでいる人、開戦や終戦の経緯が戦争の歴史と信じている人にはつまらないかもしれない。最近多い歴史は元気が出る内容でなければならないとはばからない人には、鎮守府の歴史はもっとつまらない。鎮守府は、平和な時も戦争がある時も、兵を集めて教育訓練し、艦船の修理や建造を行い、遠くにいる兵や艦隊に食糧や日用品、兵器や弾薬を調達して送るといった地味な仕事をしてきたが、そこに歴史的意味を探り出すのが本書の狙いである。

本書の執筆に当っては、海軍という組織について知らない世代が増えている現況に鑑み、できる限りわかりやすく、かつ理解を深められるよう努めたつもりである。また横須賀にあった鎮守府を扱うといっても、政府や海軍中央の方針に基づいて動く国家機関であり、純粋な地方史として描くことはできない。なお記述内容は、筆者も執筆者の一人であった横須賀市史編纂室の『新横須賀市史』を参考にした。関係者に感謝する次第である。

《目　次》

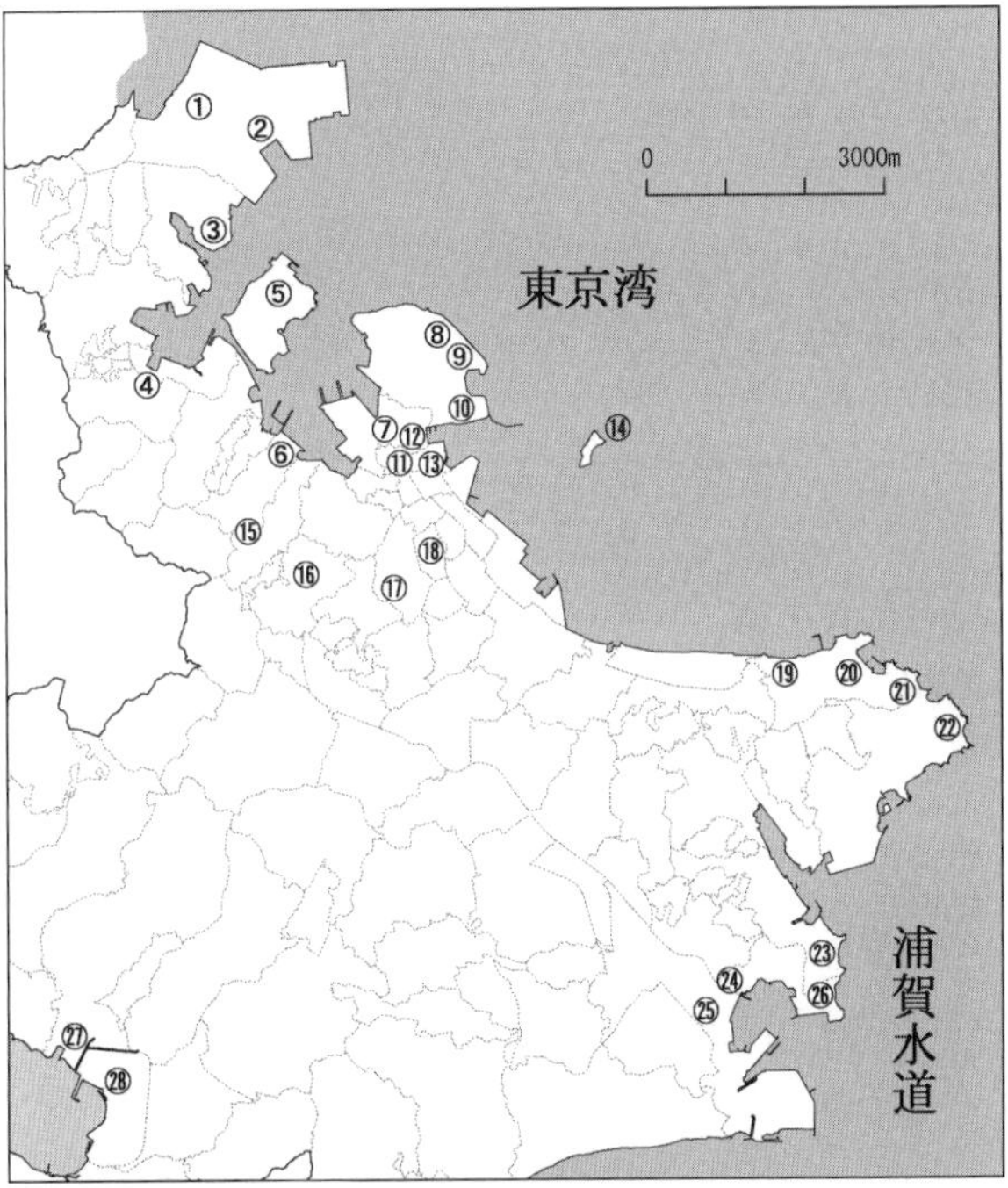

本書関連の主な機関・施設の所在地（横須賀市内）

①追浜飛行場　②横須賀海軍航空隊　③海軍航空技術廠　④海軍水雷学校　⑤箱崎高砲台・低砲台　⑥海上自衛隊横須賀地方総監部　⑦横須賀造船所／横須賀海軍工廠　⑧海軍砲術学校　⑨海軍航海学校
⑩横須賀海兵団　⑪横須賀鎮守府庁舎（現在は米海軍横須賀基地）
⑫軍法会議庁舎　⑬海軍機関学校／海軍工機学校　⑭猿島砲台　⑮逸見浄水場　⑯横須賀重砲兵連隊　⑰東京湾要塞司令部　⑱米ヶ浜砲台
⑲陸軍重砲兵学校　⑳走水水源地　㉑走水砲台　㉒観音崎砲台　㉓千代ケ崎砲台　㉔海軍通信学校㉕海軍工作学校／浦賀引揚援護局　㉖海軍対潜学校　㉗大楠機関学校　㉘武山海兵団

※名称変更・移転などがある場合は代表的なものを記載

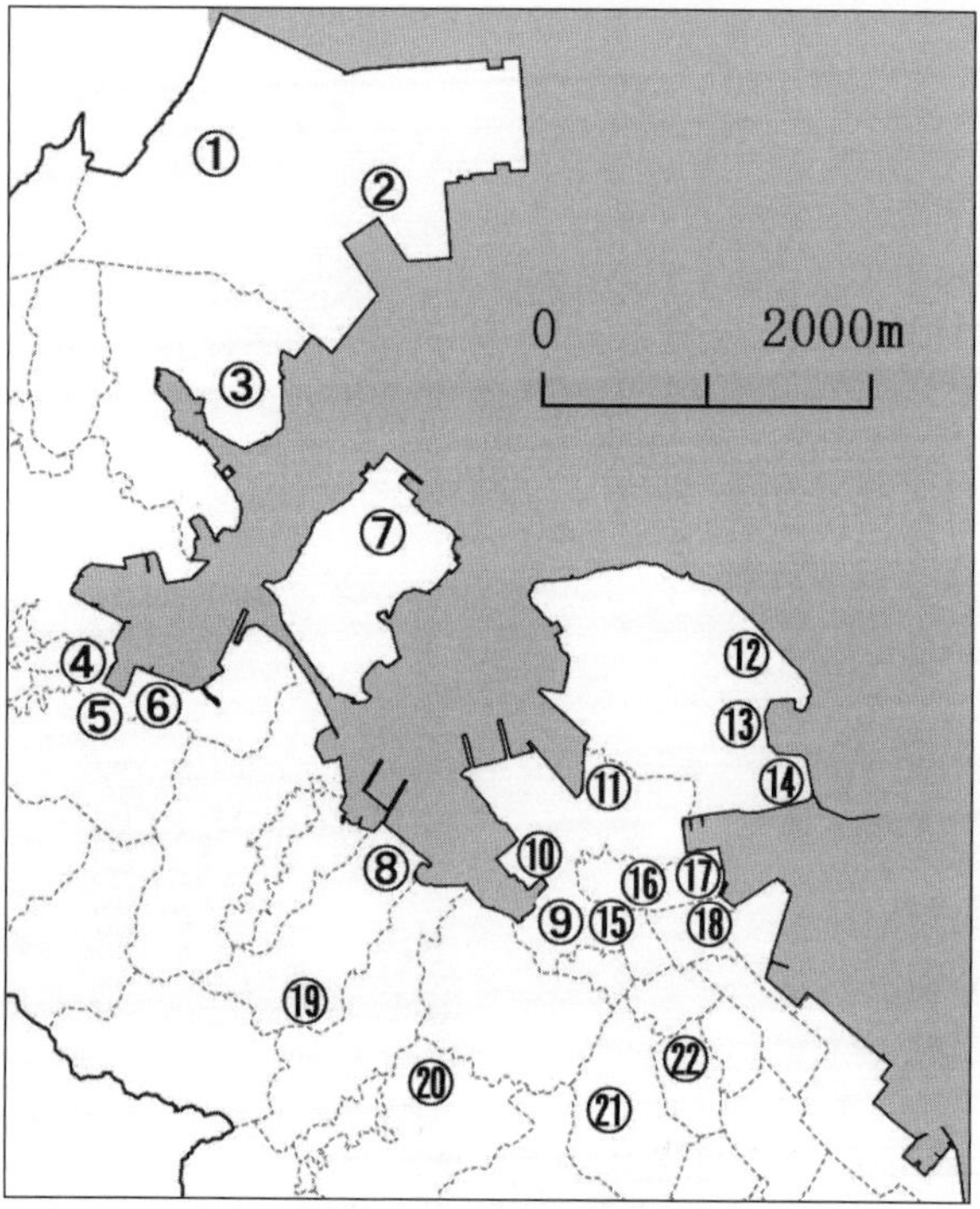

本書関連の主な機関・施設の所在地（横須賀港周辺）

①追浜飛行場　②横須賀海軍航空隊　③海軍航空技術廠　④工廠造兵部有線工場　⑤海軍水雷学校　⑥工廠造兵部長浦作業所　⑦箱崎高砲台・低砲台　⑧海上自衛隊横須賀地方総監部　⑨船台　⑩船渠　⑪艤装岸壁　⑫海軍砲術学校　⑬海軍航海学校　⑭横須賀海兵団　⑮横須賀鎮守府庁舎（現在は米海軍横須賀基地）　⑯軍法会議庁舎　⑰横須賀海軍病院　⑱海軍機関学校／海軍工機学校　⑲逸見浄水場　⑳横須賀重砲兵連隊　㉑東京湾要塞司令部　㉒米ヶ浜砲台

※名称変更・移転などがある場合は代表的なものを記載

第一章

横浜から移った横須賀鎮守府

横須賀鎮守府庁舎（初代）　横須賀市自然・人文博物館蔵

第一節　東海鎮守府から横須賀鎮守府に

一国の軍が陸軍と海軍の二つから構成されるというのは、幕末明治初期の日本ではまだ常識ではなかった。薩長が徳川幕府を倒し明治新政権を樹立できたのは、陸上での戦いに勝ったおかげだと考えられたから、陸軍と海軍が分立したあとも、陸軍軍人は自分たちが存在すれば十分で、海軍などいらないと考える者が多かった。明治十一（一八七八）年十二月、山縣有朋と西郷従道が「海軍参謀不要論」（「山縣有朋意見書」）を上申したり、十三年二月に伊藤博文と大隈重信が「是の機を以て宜しく海軍省を廃し陸軍省に合併すべし」（『明治天皇紀』巻五）と説いて回ったりと、元老といわれる大物政治家でさえ、このような「海軍無用論」を説く者が少なくなかった。そのため海軍関係者は、陸軍の言動に振り回されないこと、あらぬ介入を受けないこと、吸収合併される口実を与えないことに神経をすり減らした。昭和二十（一九四五）年に太平洋戦争が終わる直前まで、海軍軍人の意識のどこかに、陸軍に吸収合併されることへの危惧があったといわれ、この問題を抜きにして海軍の歴史、陸海軍の対立史を語ることはできない。

明治四（一八七一）年七月の廃藩置県の断行と施政権の中央への移転、これと歩調を合わせた陸軍の東山道鎮台と西海道鎮台の設置、さらにこれを東北鎮台・東京鎮台・大阪鎮台・鎮西鎮台の四鎮台に拡充し、六年一月の名古屋鎮台・広島鎮台を追加した六鎮台体制によって、明治新政府の国内統治基盤ができあがった。

こうした陸軍の明確な目的を持った発展と比べて、海軍の発展は遅々たるものであった。幕府や諸藩の艦船や乗艦していた諸兵の寄せ集めから出発した海軍は、一つの組織として秩序づけるだけでも時間がかかった。必要な施設の整備に時間がかかる上に、鎖国慣れした国民に海軍設置の必要性や目的を理解してもらうにはもっと長い時間を必要とした。

明治二年に設立された兵部省《ひょうぶしょう》の下に陸海軍が置かれ、記録には四年に海軍水兵部と海軍提督府が設置されたとあり、五年二月に兵部省が廃止されて海軍省・陸軍省が分立すると、水兵本部をはじめとする新しい機関が設置され、海軍の本格的始動を思わせた。十一月には、

廿七日提督府を横須賀に置るゝに付、自今工水火夫の徴募、戸籍取締、艦船乗除分配、予備練習、運送貯蓄、修復の艦船、非役士官の海軍研究、中士以下操練技術の教授、艦物品運送、諸港内地形海口等の事を管轄せしむ　（『海軍制度沿革』）

とあり、鎮守府の起源になる提督府がもう成立したかのようである。

しかし「横須賀提督府」に関するその後の記録がないまま、六年九月には提督府が相州大津村（横須賀市大津町）に正式に置かれることが決まり、五万坪近い土地の購入が進められたとする新たな記録が登場する。明治維新は単なる政権交代ではなく、新しい体制への転換であったから、海軍の成立過程においても暗中模索を思わせる混乱がつきもので、「横須賀提督府」がいつの間に「大津提督府」に変わっても驚くことではない。決定事項が突然廃案にされたり、動き出した計画が突然中止になったりするのが国家創成期というものであろう。

水兵部は「要港を守衛し水戦の事を掌《つかさど》る」とあることから、艦隊司令部に近い機関である。だが水兵本部の動きが見えないまま、八年十月、日本の周囲の海面を東西に分け、それぞれに東部指揮官（横浜）と西部指揮官（長崎）を置き、伊東祐麿《すけまろ》と中牟田倉之助《なかむたくらのすけ》が指揮官に任命された。指揮官は提督府の事務を管掌するとともに六隻から八隻の艦船を指揮するというから、のちの軍政の鎮守府司令長官と軍令の艦隊司令官を一つにしたようなものであった。

戦前の日本では、軍政と軍令は統帥権問題とからんでしばしば新聞紙上を賑わす見慣れた言葉であったが、戦後、両方の制度・組織が消滅し、歴史用語として残っているのみである。しかし鎮守府を語る時にも両者の理解が欠かせないので、ここで手短に解説しておきたい。

端的に言えば、軍政は軍事行政の意で、兵を養うこと、あるいはそのための施策全般を指し、軍令は軍事命令の意で、軍政で養われた兵に命令して戦うこと、あるいは戦いに必要な計画全般を指す。海軍でいえば、兵を徴集し、教育訓練し、軍艦や大砲等の武器を調達保有し、拠点となる軍港を整備するのが軍政であり、軍政が用意した兵と艦船で艦隊を編成し、敵を求めて出撃し、準備した計画に沿い軍艦と武器を使って作戦するのが軍令である。ややこしいのは、軍政は政府の所管であり、軍令は天皇の専権であることで、天皇だけが軍を動かすことができる権能を統帥権と呼んだ。この制度では、軍政部門が軍令部門に口出しができず、口を出すと、統帥権干犯として社会を揺るがす騒動になることもあった。近代軍事分野では、軍政と軍令の線引きのできないことが多く、線引きが軍の機能を著しく阻害する例が幾らでもあった。

新しい体制・組織づくりに忙しかった明治初期は、朝令暮改もやむを得ない時代で、現場の事情を十分把握しないうちに計画が決められたり、各地の誘致活動が凄まじく、決定が困難な場合も少なくなかった。東部・西部指揮官が置かれた二ヶ月後の十二月、海軍省から太政官宛に「提督府の名称を廃して鎮守府と改め、東海鎮守府を横須賀に、西海鎮守府を長崎に設置方」の上請があり、これが認められて翌九年九月に東海・西海両鎮守府が発足した。この上請の裏には、東西南北の四方面にそれぞれ鎮守府を設置する構想があり、その第一歩が東西両鎮守府の設置で、いずれ南北両鎮守府の設置も計画されていたことをうかがわせていた。

この上請から設置までの間に、東海鎮守府の設置場所が横須賀から横浜に変更になった。なぜ提督府を相州大津に置く方針が横須賀に変更になったのか、提督府を鎮守府に変えた理由は何か、横須賀に置くと決めた東海鎮守府を横浜に変更したのはなぜか、こうした理由は何もわかっていない。政策を決める手続きが固まっていない頃であり、決めたという記録が疑わしい。

提督府を鎮守府に変える際、内務省あたりから陸軍の鎮台と紛らわしいので、「海衛府」が適当ではないのかという指導を受けた。陸軍の六鎮台体制の確立を前にして、海軍は「鎮守府」なる名称を案出し、体裁づくりを急ぐ過程で、横浜に鎮守府を置くことが突発的に決まったのは、たまたま横浜弁天仲通のドイツ領事館が空き家になり、使用できることがわかったためと推測される。提督府に代わる鎮守府を横浜に置いた動機は、列強の軍艦が頻繁に入港し、野毛の訓練場で陸上訓練を行い、各国の海軍病院が市内にあった横浜に何らかの連絡機関を設置する必要があったことと関係している。海軍として横浜に連絡機関を置く必要を認めていたとき、たまたま横浜港に至近の空き家が出たため、海軍の体制づくりと相俟って、出先機関程度のものを置く予定が鎮守府になってしまったのではないかと考えられる。

ところで明治十年代の海軍を率いた海軍卿《きょう》川村純義《すみよし》は、十四(一八八一)年に「軍艦配備計画」を策定している。

第一鎮守府　相模国横須賀港（現在の神奈川県横須賀市）
第二鎮守府　安芸国広島港呉村（同　広島県呉市）
第三鎮守府　肥前国伊万里湾久原村港（同　佐賀県伊万里市）

第四鎮守府　陸奥国安浦港（同　青森県むつ市）

四鎮守府の設置を目指しているが、東西南北に鎮守府を置く構想の延長であろう。

横浜に東海鎮守府がありながら、改めて第一鎮守府を横須賀に置くというのは、横浜が仮設置で正式なものでなかったことを示唆する。だが横浜に設置されてから五年も過ぎ、既成事実化する恐れもあった。川村が「軍艦配備」計画を打ち出した意図の一つは、海軍の四鎮守府整備の計画には何等変更がなく、第一鎮守府は横須賀である旨を政府及び陸軍筋に思い起こさせることにあった。右の四鎮守府の候補地は、のちに設置される位置と必ずしも一致していないが、その相違はわずかな距離でしかない。なお四鎮守府計画は、その後、思わぬ方向に展開するので、十七年十二月の横浜から横須賀への移設の経緯を論じる前に触れておきたい。

明治十九（一八八六）年五月の「勅令第三十九号」に「第四及第五海軍区鎮守府の位置を定むるまでは其軍区を横須賀鎮守府の管轄とす」と第五鎮守府までの設置計画があることを明らかにし、まだ第四・第五鎮守府の位置が確定していないので、当分の間、横須賀鎮守府の所管にするというのである。五ヶ所への増置が決まった理由について、杉田定一らが作成した「海軍改革建議案」（國學院大學蔵梧陰文庫）に次のように説明されている。

我国に五鎮守府を設くるの制は蓋し仏国の制に倣ふたる者ならん、是れ大に誤れり、仏国の地形たるや、地中海と英海峡との海面は戦時「ジブラルタル」の要害に拠て英国海軍

の爲めに遮断せられ、気息相通するを得さるの患あり、且つ仏国は其区画を限りて海兵を
徴募する等の制あるに由り、五区に分ちて同等の鎮守府を置けり

どうしても五鎮守府が必要である理由はなく、フランスの五鎮守府制の模倣でしかないというのである。おそらく前年に帰国した大山巌を中心とする西欧国防事情視察団がフランスの防備体制に触発され、帰国後にフランスに学ぶように強く求めたことが発端になったらしい。井上毅《こわし》が杉田定一らの進言を受け、五鎮守府が日本の国情に合っていないことを政府に忠告したが、海軍首脳部は五鎮守府設置計画を強行した。陸軍の圧力に過敏に反応する海軍が、大山視察団がもたらしたフランスの五鎮守府制には飛びつき、杉田がいうごとく「海軍の勢力を増加するために……陸軍六個師団の組織と相権衡し海軍区を分ちて五とし」たというのが真相らしい。

明治二十二年五月に施行された「鎮守府条例」は、第一条に「帝国の海岸及海面を区画し五海軍区とし各海軍区に鎮守府を置く」と五海軍区五鎮守府制の実施を謳った。第四条では各海軍区の鎮守府設置場所を明らかにし、第一海軍区鎮守府は横須賀に、第二海軍区は呉、第三海軍区は佐世保、第四海軍区は舞鶴とし、第五海軍区は今後決めるとし、十四年の「軍艦配備」と対比すると第三鎮守府以降に大きな変化があり、議論を詰めたあとがうかがえる。

第五鎮守府の候補地は、当初根室案が有力であったが、間もなく室蘭案が浮上すると、政府

内及び海軍内でこれを支持する声が大きくなり、二十三年二月二十三日に

> 爾来調査考究を重ぬること数年、之れを将官会議に詢《と》ひ、鎮守府司令長官に諮り、北海道胆振《いぶり》国室蘭港に定め、是の日之れを公布す（『明治天皇紀』巻七）

と、海軍内の手続きを経て室蘭港に決定した。しかしこの直後から、政府内で決定を阻止する動きが強まった。

明治十年の西南戦争は、中央における薩摩閥の発言力に深刻な影響を与えた。そのため薩摩勢力は、海軍内に強固な地盤を構築することに努める一方、黒田清隆を中心に北海道開発の利権獲得に腐心した。第五鎮守府を室蘭に設置することが決まったとき、室蘭が薩摩閥の握る北海道炭鉱の石炭積み出し港に当たることから、誰しも背後に薩摩閥の暗躍を疑った。

二十四年五月、第一次松方正義内閣の成立に伴い内相に品川弥二郎が就任すると、北海道開拓からの薩摩閥の追放を画策し、室蘭鎮守府設置もその標的の一つに取り上げられた。北海道庁長官の永山武四郎が黒田の盟友であったことから、品川は永山を追放して黒田の権力基盤の弱体化をはかり、ついで薩摩閥と北海道炭鉱との癒着を暴露し、北海道炭鉱が室蘭港の開発にいかに深くかかわっているかを明らかにした。室蘭鎮守府設置計画が北海道炭鉱、さらには黒田との関係を疑われる事態となり、海軍は室蘭鎮守府の設置をあきらめざるをえなくなった。

第二節　鎮守府と艦隊の分離

明治十七（一八八四）年十二月十五日に横浜から横須賀への鎮守府の移設は、人と施設の移動といった単純な問題ではなく、移設と同時に鎮守府条例、海軍機関部条例、海軍軍医部条例、海軍主計部条例、鎮守府武庫条例、同倉庫条例、海軍造船所条例が施行され、そのほかにも関係布達が十件近くにも及び、海軍にとって組織・制度の一大変革であったことがうかがわれる。最大の変更は、徐々に大きくなっていた艦隊を鎮守府から切り離し、鎮守府を軍政機関として位置づける一方、艦隊を海軍省軍事部に付けることで軍令部門を強化し、軍令の独立に一歩近づいたことである。陸軍が軍政の陸軍省と軍令の参謀本部が相拮抗する体制であったのに対抗して、海軍では海軍省が軍政・軍令両部門を管掌している体制を、軍令部門を強化して陸軍と同じ体制にしようとする企図の一環であったとも考えられる。

東海鎮守府が設置された際に施行された「海軍鎮守府事務章程」（明治九年九月一日）と、横須賀に鎮守府を移す際に施行された「鎮守府条例」（明治十七年十二月十五日）を比較すると、両者の相違がはっきりする。

「海軍鎮守府事務章程」第一条

鎮守府は所管の艦船及水兵諸工夫を統轄し、其管海一切の保護を掌る所とす

「鎮守府条例」第一条

鎮守府は海軍港に置き、艦隊其他に属せさる艦船を管轄し、水兵諸工夫火夫の練習及ひ兵器石炭物品の貯蔵配賦並に艦船の製造修理等に関する事務を総理し、且つ其所在港内を管轄守衛する所とす

この比較で明らかになるもっとも大きな違いは、東海鎮守府には「管海一切の保護を掌る」権限が与えられていたのに対して、横須賀鎮守府では「所在港内（※軍港内）を管轄守衛する所とす」とあるように、大幅に担当範囲が制限されたことである。海軍の主な任務は日本の周辺海域を守衛することだが、その任務が艦隊の所管になったのである。なぜ鎮守府と艦隊を切り離したのか、鎮守府の管掌範囲を軍港に制限し、沿海の守衛を艦隊の任務にしたのは何故か、この疑問に関する説明がない。軍政と軍令の両権が鎮守府長官に集中する弊害を懸念し、東海鎮守府長官に与えられていた艦隊指揮権が横須賀鎮守府長官には与えられず、これを中央に移し、地方機関の権限を相対的に弱めたという解釈もあるが、中央から直接艦隊に通信する手段がなかった状況を考慮すれば、こうした解釈は現実的でない。

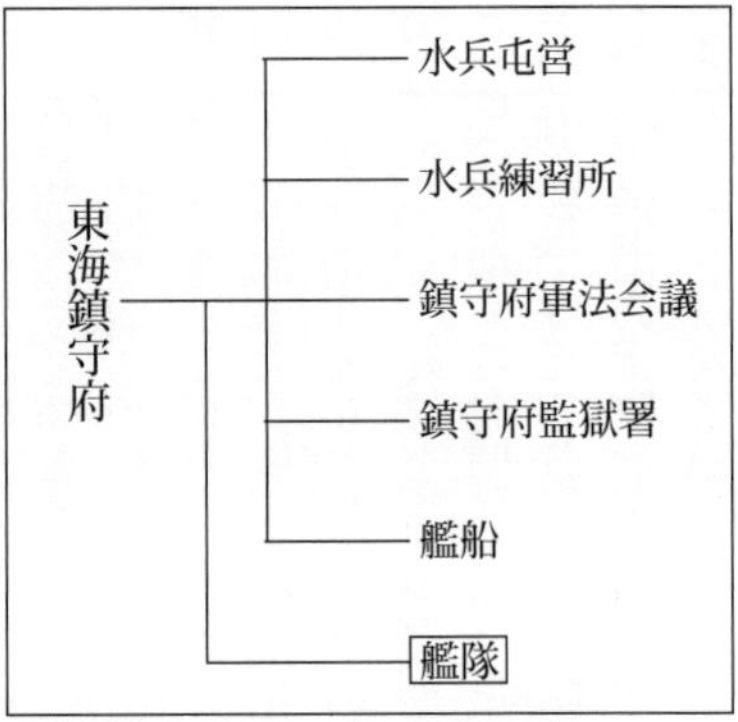

東海鎮守府（明治17年2月〜4月）

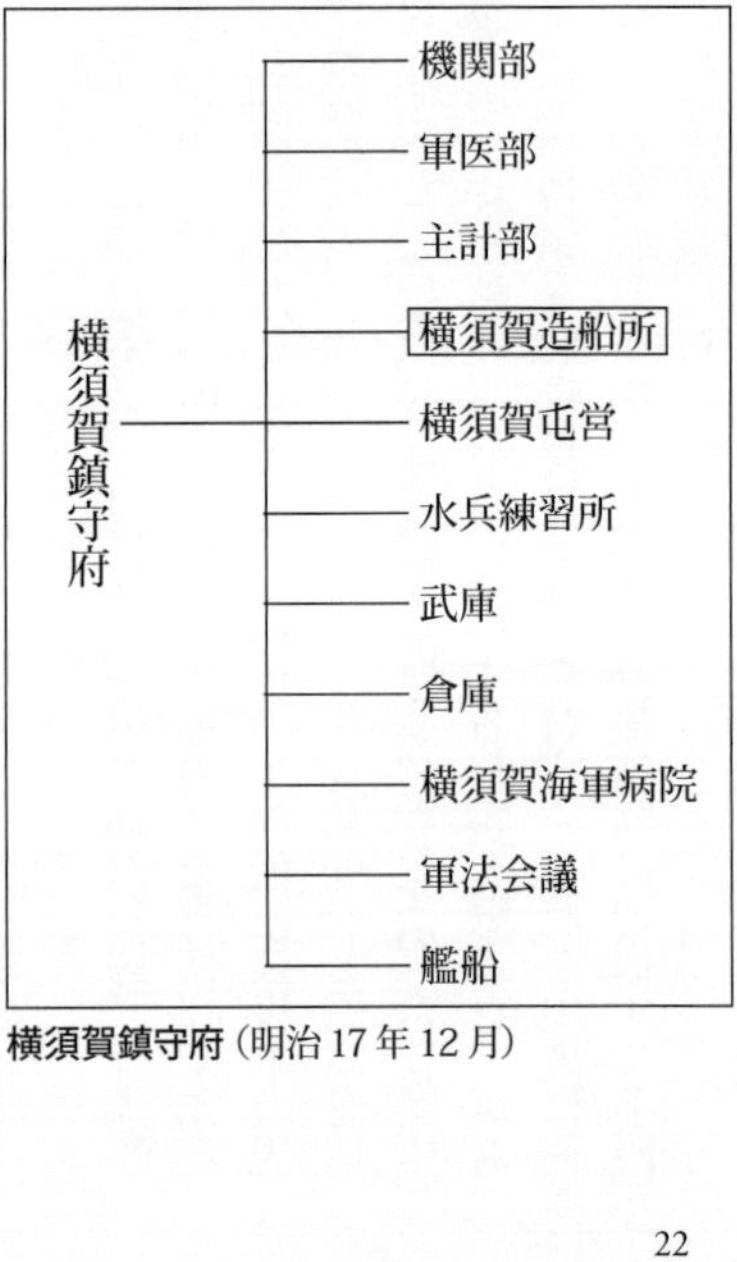

横須賀鎮守府（明治17年12月）

東海鎮守府から横須賀鎮守府に変わったことにより、横須賀所在のほとんどの海軍関係機関が鎮守府長官の隷下に置かれることになった。それぞれの隷下機関を図示すると、両者の相違が一目瞭然である。

それまで東海鎮守府の隷下にあった艦隊は、横須賀鎮守府に変わるとともに、鎮守府と艦隊とは、家主の如き軍港の持ち主の鎮守府と、軍港を使わせてもらう店子・間借り人である艦隊という関係に近くなった。艦隊を隷下におく軍事部がのちの軍令部の起源だが、鎮守府と艦隊の分離によって、軍政と軍令が分離する陸軍と同じ体制に近づいた。鎮守府と艦隊の分離は、そこまで踏み込んで考えるべき問題である。

東海鎮守府から横須賀鎮守府への移行とともに、鎮守府は軍港の管理、隷下の諸機関の指揮監督、海軍兵の徴募事務及び教育訓練、物品の備蓄、艦船の修造等を行う純粋な軍政機関になった。陸軍が全国の都道府県に連隊を展開して、国内の治安維持を視野に入れていたのとは違って、海軍は外部の脅威から我が国沿海を守衛することに目的を集中し、艦隊と艦隊を後援する鎮守府とで目的を実現する根幹的体制が成立した。

第三節　海軍軍政と鎮守府の業務

東海鎮守府時代、横浜には隷下の機関はなく、ほとんどの機関が横須賀にあり、鎮守府長官の決裁が必要な事項は、連絡船を使って一々横浜に出向かねばならなかった。鎮守府が横須賀に移るとともに事務効率が上がり、業務が円滑に進んだことは疑いない。

鎮守府から艦隊が切り離されたものの、我が国で最大かつ最新の技術を有する横須賀造船所を隷下に置くなど、海軍内における鎮守府の位置づけが大きく変わった。しかし鎮守府では軍政面だけしか扱えなくなると、指揮官・参謀として教育された鎮守府長官をはじめとする諸機関の長である将校たちにとって、作戦戦闘時に艦隊の活動に一切関与できず、軍政の業務に専念しなければならない制度に、まごつくことが多かったかもしれない。

東海鎮守府の横須賀への移転は、海軍における軍政・軍令の分立の動きと密接に絡んでいたと考えられるが、どうしてこれほどの仕掛けが必要であったのだろうか。やはりそこには陸海軍の対立、陸軍の海軍に対する睥睨《へいげい》と陸軍への併合を恐れる海軍の危機意識が存在した。西南戦役と竹橋事件ののち、天皇制の強化と皇軍化が進められるが、天皇の「兵馬ノ大権」（のちの統帥権）を確立するために、補弼《ほひつ》機関として明治十一（一八七八）年十二月に参謀本部が設置され、この下に陸軍と海軍が置かれることになった。参謀本部長に就任したのが陸軍の山縣有朋で、海軍卿が事実上山縣の指揮下に入ったため、海軍内に危機意識が倍加し、虎の子の艦隊を陸軍の干渉から隔離しようとする動きが強まった。先の山縣・西郷従道の「海軍参謀不要論」もこの頃に出されたもので、海軍とすれば艦隊だけでも陸軍の干渉が及ばない位置に置きたいと考えた。

前述したように陸軍では軍政を陸軍省、軍令を参謀本部が担任する制度改革が進んだが、海軍では軍政・軍令の分離が遅れていた。海軍卿が陸軍の参謀本部長の指揮を受けることになったとき、何としても艦隊を陸軍の意思で動かされる事態だけは防ぎたかった。そこで海軍省軍事部を独立した機関とし、この下に艦隊を置くことにした。当時、艦隊を指揮していたのは海軍卿隷下の東海鎮守府長官であったが、艦隊を鎮守府長官の下に置くよりも、独立した軍事部長の下に置く方が安全と考えられた。軍政だけになった東海鎮守府を存続させる理由がなくなり、諸機関が待つ横須賀に鎮守府を移すことにしたのではないだろうか。東海鎮守府の呼称をやめたのは、東西南北に置く構想が消え、新たに方角と無縁な五鎮守府構想が登場したためかもしれない。

とはいえこのような改革で、海軍の不安が一掃できたとは思えない。明治十九年三月、国防会議での議論に基づき「参謀本部条例」が改定されたが、図示化すると、以下のようになる。

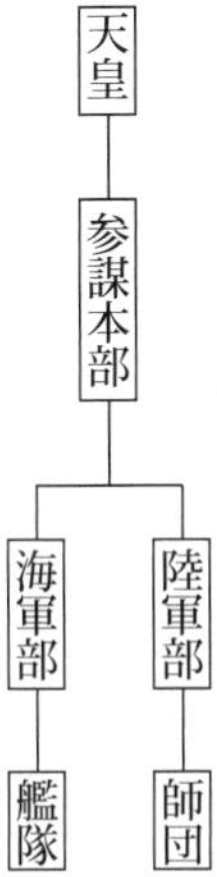

明治十一年の参謀本部と異なる点は、本部長が陸軍軍人から皇族に代わり、陸軍軍人の本部

長に艦隊が動かされる海軍の不安が除去されたかのように見えることである。だが本部長になる皇族も軍人であり、戊辰戦争で陣頭に立った経験のある皇族が選ばれる公算が大で、そうなると自ずと陸軍系にならざるをえなかった。なお『明治天皇紀』巻七には、「両軍の関係を密接にし、軍令を統一するの必要あり、且海軍も亦権衡を陸軍に取り、軍令と軍政とを分ち、参謀機関を独立」させようと努力しているとしているので、東海鎮守府から横須賀鎮守府への移転が、実は軍政・軍令の分離を目指す一環であったとする推論と概ね合致している。

だがこの改定でも海軍の懸念は払拭されなかった。「参謀本部」という名称自体が陸軍的と考えられたため、二十一年五月に「参軍官制」に改めた。だが参軍に任じられるのも陸軍系の皇族であり、陸軍参謀部・海軍参謀部の並列でも、実質的内容には変わりがなかった。

明治二十年代になると海軍側からも代案が出され、実現したのが二十二年三月の「参謀条例」の改定である。

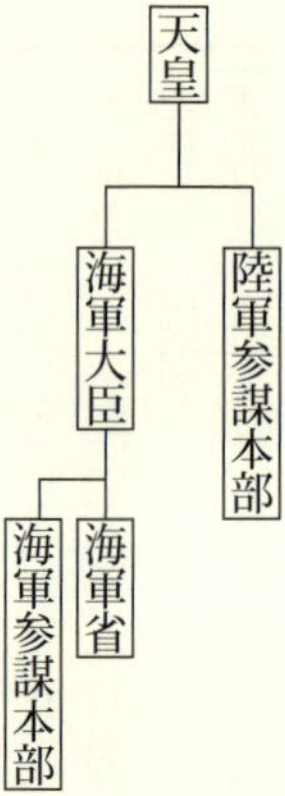

これまでの流れを根本から変えるもので、統帥部暴走の根源になったともいえるものだが、陸軍が強い時代、どこまで実現したか疑わしい。

新条例が実施されれば、天皇の下で陸海軍は対等であり、陸軍の海軍に対する干渉を排除でき、艦隊指揮に対する陸軍の介入の恐れもまったくなくなる。これが実現したか疑わしいと述べたのは、二十七（一八九四）年七月に開戦した日清戦争の際に設置された大本営、翌年の直隷進攻作戦のために設置された征清大総督府では、陸軍参謀総長（参謀本部長を改称）が大本営及び征清大総督の幕僚長になり、その下の幕僚に陸軍参謀本部次長と海軍軍令部長が同格として扱われる体制で、十九年の「参謀本部条例」の体制と同じだからである。

三十七年二月十三日、日露開戦に際して設置された大本営では、海軍は陸軍と対等になった。日清戦争時のように、陸海軍を束ね、天皇の命を陸海軍に伝える幕僚長の如き存在がいなくなった。海軍にとって長年の不安がひとまず解決されたといえるだろう。

第二章　横須賀造船所と横須賀海軍工廠

横須賀造船所　明治13年頃　横須賀市自然・人文博物館蔵

第一節　ヴェルニーと横須賀造船所

欧米列強の進出に直面したアジア人にとっての近代の象徴は、いうまでもなく黒煙をあげながら航走する蒸気船「黒船」であった。蒸気船だけであればアジア人もそれほど恐れることはなかったが、甲板に並べられた大砲に威圧され、欧米の無理な要求をはね返すことができなかった。このため立ち遅れを認めたアジア人が進める近代化は、蒸気船と大砲を外国から購入して揃えるか、自前で蒸気船を建造し大砲を製造するところからはじまることになった。

ペリー艦隊の要求に屈して開国した日本では、幕府や各藩が軍艦購入を進める一方、自前で建造する意欲の強かったことは、その後の日本の近代化を早める大きな力になった。たまたま佐賀藩がオランダから購入した蒸気船修理機械一式を幕府に献納したことをきっかけに造船所建設計画が動き出し、自前で軍艦を建造する方針が固まった。だが経験も能力もない日本が計画を具体化しようとしても進まず、幕府は仏公使レオン・ロッシュに依頼し、勘定奉行小栗上野介及び監察栗本瀬兵衛との間で建設案がまとめられることになった。ロッシュは、横浜に小工場を設置して艦船修理を行い、その後、横須賀に造船所を建設する案を提言し、専任技術官に清国で砲艦建造に当たっていたフランソワ・ヴェルニーを推薦した。ヴェルニーはまだ二十代の青年で、その能力を高く買われ、将来を嘱望された人物であった。

ヴェルニーは、㈠製鉄所一ヶ所、修船場二ヶ所、造船場三ヶ所、その他施設を四ヶ年で整備、㈡ツーロン工廠の三分の二の規模の製鉄所建設、㈢経費は四年で二四〇万ドル、といった詳細計画を作成した。造船所が製鉄所に変わっているが、産業未分化の日本では、製鉄・精錬から造船・修理までを一ヶ所の工場で行うほかないので、名称はどちらでもよかった。

まず横浜に製鉄所の建設がはじめられ、半年後の慶応元（一八六五）年八月には米国製機械を設置して完成した。佐賀藩献納の機械一式も設置して作業を開始し、間もなく建設がはじまった横須賀で使われる予定の機具類や通船用十馬力機械の製作に当り、さらに陸軍の大砲の修理、各種船舶の修理まで手掛けた。明治元（一八六八）年に幕府から明治政府に引き継がれたとき、横浜製鉄所はフル操業中であり、建設途上の横須賀製鉄所は、製鋼所、機械組立所、塗師所、鍛冶細工所が完成したばかりで、主要施設である船渠、船台、鍛冶所、滑車製造所などは建設中か準備中の状態であった。明治政権下でも、ヴェルニーを首長とするフランス人による製鉄所建設事業は継続されたが、ヴェルニーの会計専決権を制限するなどの一部変更が行われている。

一般に明治維新ほどの大きな政変が起こると、国家事業は中断か取り止めになることが多いが、製鉄所建設はほとんど影響を受けずに進められた。幕府から製鉄所を引き継いだ明治政府は、明治二年十月に大蔵省、三年七月に民部省、閏十月に工部省へとつぎつぎ所轄する省を変えた。短期間とはいえ各省の方針があり、製鉄所の円滑な発展にとって好ましい状況とはいえないばかりか、ヴェルニーらにとって不愉快な日々が続いた。四年四月に横須賀製鉄所から横須賀造船所に名称が変更、その後、海軍省がどうしても造船所が必要であることを理由に工部省からの移管を政府に求めた。十月、政府は、横須賀造船所と、横浜製鉄所から名称を変更した横浜製作所とを工部省から海軍省に移管することを承認した。

横須賀造船所と横浜製作所の海軍省移管後、事務管理を命じられたのは海軍大丞赤松則良である。就任から三ケ月後の六年一月、赤松は海軍省に「横須賀造船所に係り候条目」(弊習の改革)を提出した。この中で赤松は、フランス人を雇う弊害を述べ、現在の三十数名から五、六名に減らせと要求し、フランス人はヴェルニーの指示ばかりを聞き、日本側官員を蔑視するため仕事がしづらく困っている、艦船修理もヴェルニーがすべてを仕切っているため自分たちの方から動けない、といった内容の「告発」をし、この際、フランス人を解雇して日本人のみでやってみたらどうだろうか、と大胆な提案をして結んでいる。五月には、岩倉使節団の理事官として欧米を回ってきた肥田《ひだ》浜五郎が帰国し、海軍大丞兼主船頭として造船所の運営に携わった。

赤松や肥田の提言が海軍省を動かし、造船所首長の職に外国人を置く必要はないとする方針が出され、八年十一月、フランス公使にヴェルニーの解雇が通告された。

かつて赤松には、能力を越えた二千六百トンの大型艦の建造を計画し、経費や資材調達の計算ができず、代わりにヴェルニーが計画した八百トンの「清輝《せいき》」が建造された苦い思い出があった。肥田にもオランダから甲鉄板を船体に張り付ける機械購入をめぐり、ヴェルニーに止められた過去があり、快く思っていなかったことは疑いない。経験不足と体面から、つい背伸びをしたがる日本側の計画を、ヴェルニーが現実的・合理的な計画でつぶしてきたことが何度かあり、ヴェルニーに対して感情的怨みを抱く日本人関係者は少なくなかったといわれる。

この頃ヴェルニーは、後述する走水水道の建設予算が認められ、工事を担当する業者も決まり、海軍がはじめて取り組む大きな水道事業の準備に忙殺されていた。もしヴェルニーが、自分を更迭するたくらみが進行していることを知ったとすれば、今日まで「ヴェルニーの水」として市民に感謝されてきた走水水道の実現に意欲を燃やしたであろうか。三十代の働き盛りであったヴェルニーには、手間のかかる調整をないがしろにする傾向があったであろうし、曖昧かつ玉虫色の表現でその場の意見集約をはかろうとする日本人に対して、ヨーロッパ人らしくはっきりした意見を述べ、日本側を苛立たせることがあったにちがいない。こうしたことは、異文化間の遭遇の際に必ず生じるもので、ヴェルニーがとくに無神経であったわけであるまい。

明治八（一八七五）年十二月末日に解雇されたヴェルニーは、翌九年三月十三日に帰国するまでの間、在職中に取り組んだ事業に関する報告書を作成し、日本政府に提出した。今日でこそ、横須賀造船所を創建し発展させたヴェルニーの功績は高く評価されるが、当時の日本人が石持て追いやったのが真相であったらしい。

第二節　ベルタンと三景艦の建造

明治十七（一八八四）〜八年に行われた清仏戦争の影響を受けて、我が国の海軍政策は一層フランス寄りになった。フランスで設計された軍艦の建造、鎮守府を中心とする海岸防禦体制の整備、四鎮守府計画から五鎮守府建設計画への変更などが具体的実例である。

海洋国家のリーダーを自他共に認めていたイギリスの好敵手であったフランスは大陸国家に属し、軍事的には陸軍国であった。海外でのイギリスとの対立では常に劣勢に立たされ、英国海軍の攻勢に備えて海岸防禦に重点を置く方針をとり、受身の鎮守府体制が発展した。鎮守府体制は仏式海岸防禦体制というべきものであり、侵入者に対して自律的に対応し、艦船や地上施設を組み合わせた反撃によって撃退する防禦体制であった。仏国艦船は海岸防禦の観点から建造される傾向があり、イギリスと比較した場合、どうしても沿海用小型艦船が重視された。

仏国寄りになった姿勢を物語るかのように、日本海軍はフランスから著名な造船技師ルイ・エミール・ベルタンを招聘した。明治十八（一八八五）年八月、海軍卿川村純義から太政大臣三条実美に提出された伺書によれば、「我海軍に於ても艦船構造の計画は最も肝要の義に候間、欧州より精熟練達の造船家を招聘し専ら此事を担当せしめ度と存し人を詮議し候処、仏国造船家ベルタン氏は欧州中一二を争ふ著名の造船家にして適当の人と存候」（「公文録」官吏雑件「仏国造船家ベルタン雇入一件」）と、進行中の軍艦建造計画に関連する招聘であったことをうかがわせる。この続きには、「且雇入候上は内外国に於て製造すへき軍艦の計画図製を担当せしめ候」とあるので、軍艦設計の監督に当るのが主な役目であったことがわかる。

ベルタンは、十九年一月来日、二月二日に正式雇入れとなった。仏海軍技術応用学校を修了後に英国に留学、その後、シェルブールで大砲製造、艦船の通風装置の研究をして名をなしたが、一度も大型艦の設計建造に従事したことがなかった。ベルタンは海軍省顧問、海軍造船所総監督官、艦政本部付勅任待遇となり、西欧風の新築官舎を与えられ、支払われた給与は破格であったと伝えられる。（「改進新聞」）

ベルタンの日本における足跡を辿ると、二十一年四月九日の「改進新聞」によれば、「海軍省御雇い仏国人ベルタン氏はさきに我が海軍水兵教育法の不充分なるを説き、元来水兵は、海軍上実に緊要の位置に在るものにて、海上戦争勝敗は、一に水兵の訓練いかんにあるを以って、かかる教育法にては実際に適当するにあたわざれば、宜しくこれを改良して、完全の教育法を施行すべき」と力説し、海軍はこの勧告を受入れた。七月二日の「毎日新聞」には、「海軍顧問仏人ベルタン氏には嘗つて我艦船構造法幷に造船士養成法を改革せんとて其筋へ建議したるに付同省にては更に委員を設け該法取調に着手せり同氏の意見中には横須賀へ造船学校を創設し現任の造船技手を選抜して入学せしめ漸々生徒を募集すべしとのこともあり」と、本格的造船アカデミーの設立まで提案している。

しかし、造船学校設立の提案は一年半近く放置され、その間の二十一年九月に横須賀造船所が大火に見舞われ、これを機に造船所の組織の見直し及び施設の拡充等を目指す動きが強まった。大火は、九月二十日午後八時頃、旋盤所附近より出火し、瞬く間に周囲の建物に延焼し、手が着けられない火勢になった。器械類の位置を正確に記憶していたベルタンは防火隊を指揮して延焼を食い止め、器械類の焼失を最小限に止めた。大火後のベルタンの活躍は目覚ましく、造船所の拡充、造船学校の実現を指導し、水雷学校の設立準備も彼の提言に基づいてはじまった。

明治二十二年五月、横須賀造船所が廃止され、横須賀鎮守府造船部が造船所の軍艦建造・修理等の業務を継承し、また造船所の教育機関である黌舎《こうしや》で行われてきた教育は、ベルタンの提案を基に設立される海軍造船工学校が引継ぐことになった。しかし造船工学校の教育内容は黌舎のそれに重複する部分が多く、新設校というより黌舎を改称した学校という性格が強い。日本側が職業訓練所に近い黌舎で十分であり、高度な教育を目指す学校を創設する必要はないと考えたのに対し、フランスの海軍造船学校をモデルにアカデミー教育を目指すベルタンの考えとの格差は大きかった。

ベルタンの熱情とは対照的に、日本側の高等教育に対する理解は低く、近代化を急ぐ割には高等教育には消極的であった。しかも十九年の巡洋艦「畝傍《うねび》」行方不明事件を契機に建艦方針が英国寄りへと変わり、教育方針もフランスの学校教育重視から、イギリスの実地・現場教育を重視する方向へと変わった。その最たる例が水雷教育で、ベルタンの水雷学校計画に代えて、練習艦を使うイギリスに範をとった実地訓練方式が導入された。

ベルタンが二十三年に帰国した三年後の二十六年十一月、海軍機関学校条例を定めた「勅令第二一八号」によって「本校（機関学校）は之を横須賀に置き……而して本校附属として機関工練習所及技手《ぎて》練習所を置き従来の海軍機関学校条例及海軍造船工学校官制を廃す」となった。『海軍制度沿革』巻二が「造船工学校を廃し更に技手となる可き職工を教育する技手練習所を置き」と解釈していることからみて、造船工学校に代わって、新たに技手練習所を立ち上げたと推測される。ベルタンの痕跡が一つ、また一つと消え、フランス色が次第に薄らぎ、イギリスへと傾斜を強めながらも、日本人の手で開拓し創造していく新たな段階へと移った。ちょうど造船所の活動が造船・造機・造兵へと分化する時代で、技術者もこの変化に対応して養成する必要があり、造船工学校の廃止もこうした造船所を取り巻く変化と無縁でなかった。

ベルタンが最も力を入れたのが三景艦の設計建造であった。来日した時期に第一期軍備拡張計画が策定中で、彼の影響を過大視する解釈があるが、呉・佐世保方面への長期の視察中であり、計画にかかわるのは時間的に無理であった。明治十七、八年の清仏戦争後、日本はフランスの軍制・軍備に強い関心を示し、拡張計画も海防艦と水雷艇の強化、海岸防備の充実につとめるフランスに学んだ跡がうかがえる内容であったが、それは日本人の手で策定されたものだった。

計画の目玉は四千トン級二等海防艦四隻の建造で、これがのちの三景艦（「厳島」「松島」「橋立」）の源流となる。ベルタンは来日間もなかったが、新海防艦建造計画の作成に重要な役割を果たした。海軍側が、清国北洋艦隊の「定遠」型を強く意識し、これを上回る艦を横須賀で建造することを考えていたのに対して、ベルタンはこれに懐疑的で、「而して其二隻は欧州に於て一隻は日本に於てせざるべからず、……欧州に於て製造する海防艦に類する者を復た横須賀に於て製造する時は既に欧州に於て調整したる詳細図を再用し得るの便あり」（「中川草稿」所収「ベルタン口述」）と、三隻のうち二隻を欧州で、もう一隻を横須賀で建造する方針の利点を明らかにしているのも、日本が無理な背伸びをする姿勢に不安を抱いたためらしい。

この方針に従い二隻（「厳島」「松島」）をフランスに発注し、一隻（「橋立」）を横須賀造船所で建造することになった。前者の二隻で無視できないのは、契約時に四十二口径三十二センチ砲搭載となっていたのを、途中で仏カネー社の三十八口径三十二センチ砲に変更したことである。三十八口径砲は試作の経験もなく、したがって試射実績もなく、性能は未知数であった。二十四（一八九一）年一月、搭載直前の同砲の試験が行われ、「（装薬）百三十五キロの時は初速六百九十五米突に達せしも、更に三キロを増して百三十八キロとなしたる時其初速反て減して六百八十九米突となれり」「砂室即ち弾丸を撃ち込む室は其容積充分弘大ならすして四回発放を行へは中止せさるを得さるに至る」（『海軍雑誌』第八号）と、幾つかの問題点が暴露された。最後に「大なる欠所なきは復た疑を容れす」と、担当者は懸念を隠さなかった。不安を抱えた主砲に対して中口径速射砲は、仏駐在の富岡定恭大尉が推すカネー式速射砲と英駐在の山内万寿治《ますじ》大尉が推すアームストロング式速射砲の競合になったが、比較検討の結果、アームストロング砲に決まった。同砲は故障もなく性能も優秀で、日清戦争における黄海海戦で威力を発揮し、故障続きで期待外れに終わったカネー式主砲の穴を十分に埋めた。

蒸気機関については、燃焼効率を高める強制通風法を採用し、蒸気圧を世界最高水準に設定したため、炉筒圧壊や漏洩事故が頻発した。まだフランスでもマスターできていない技術を採用したことに原因があり、のちイギリスで開発された水管罐を導入して解決した。二隻の建造は大幅に遅れ、「厳島」は二十四年九月、「松島」は二十五年四月に竣工したが、「松島」は日本に回航途中で六基の汽罐がすべて漏洩し、セイロンのコロンボで大修理が行われ、品川沖に到着したのは二十五年十月であった。回航委員長をつとめた磯部包義《かねよし》大佐は、「新艦にしてこの如くしばしば汽罐に故障を来し、航海殆ど危険に陥らんとするが如き悪結果は我海軍創業以来未だかつて聞かざる所なり」と海軍省にあきれ果てた旨を報告し、これを境に実績のある技術をないがしろにするフランスの建艦思想に見切りをつける動きが加速した。

横須賀造船所で建造された「橋立」は、造船所の大火、仏クルーゾー社からの鋼材輸入の遅延、日本の技術の低さ等が原因し、六年近い歳月をかけて二十七年六月に竣工した。呉工廠で艤装を行い公試に移ったが、汽罐の故障が多発し、炉筒を入れ替えることになったが、日清戦争がはじまったため、応急修理だけで戦列に加わった。「橋立」ら三景艦は、清国北洋艦隊所属の七千トンを超える「定遠」「鎮遠」に打ち勝つために造られたが、これほど建造目的が絞られた艦も珍しい。車体に大砲を一門載せた戦車に似た構造をし、重い砲身を左右に振ると、振った方向に艦が傾いて目標に照準できず、なかなか撃てなかった。そのため黄海海戦では、三景艦の主砲が放った合計十三発は当らず、艦隊のお荷物的存在になってしまった。

ベルタンは、四年に及ぶ日本滞在中、各地に視察に出かけては献策を提出し、当時の主な海軍の重要な計画や政策にほとんど関係をもったといわれる。しかし近代化に着手したばかりの日本において、フランスでは実行困難な先進的かつ冒険的なアイデアを試してみたものの消化不良に陥り、三景艦のような結果になったものが少なからずあった。

第三節　造船所から海軍工廠へ

明治四（一八七一）年四月、工部省の下で横須賀製鉄所を同造船所、長崎製鉄所を同造船所に、横浜製鉄所を同製作所と改称し、目的が製鉄でなく造船であることを明確にした。翌五年十月、横須賀造船所と、横浜製作所からさらに改称した横浜製造所は、工部省から海軍省の所属になり、これ以来、横須賀造船所は、海軍省の下で艦船の建造・修理、技術者の養成等重要な役割を担った。なお横浜製造所は、七年一月、日本人官吏及びお雇い仏人とともに海軍省から大蔵省に引渡された。

明治十七年十二月に、東海鎮守府が横須賀に移り、その際、横須賀造船所が横須賀鎮守府の隷下になったことは前述した。鎮守府の中で造船所を管理監督した部署がはっきりしないが、十九年四月に発布された「鎮守府官制」により、造船部が造船所監督の任に当ったことは、担当項目に、艦船及び機関の新製改造修理、船台における製造中の艦船管守、艦船の新製改造修理に係る概算書の調製とあることで明らかである。

十九年五月には「横須賀造船所官制」が制定され、その第二条に「横須賀造船所に造船科・機械科・艤装科・建築科・計算科・倉庫・黌舎を置く」と、所内の組織を明らかにしている。造船所の建築科が何をする機関なのかはっきりしないが、造船所の一機関となると、船渠及び付帯施設、造船所直轄建物の建設等工事ということになるのだろうか。あるいは鎮守府が横浜から移転して間もなかったため、造船所が鎮守府の業務の一部を担っていたとも考えられる。

二十二年五月、呉鎮守府と佐世保鎮守府の開庁に備えて「鎮守府官制」を廃止し、新たに三鎮守府に共通する「鎮守府条例」が定められた。これによると、鎮守府長官の下に軍港司令官を置き、鎮守府の組織として造船部・兵器部・主計部・建築部を置くとされ、第三十五条には「造船部は艦船を製造修理し船具及び船体機関に属する需要物品を準備供給する所」とあり、開庁準備中の呉と佐世保に造船所がないため、これに合わせた処置であったとみられる。横須賀鎮守府造船部の場合、計画科と製造科の二科構成で、計画科は製図工場を有するのみで定員も少なかった。「横須賀鎮守府定員表」によれば、造船部は一、九三六人の大所帯であったが、大部分は製造科の定員であったと考えられる。

兵器部は砲銃・砲銃弾・機雷等の製造を担当したが、十九年五月の「横須賀造船所官制」には、造船所に兵器製造を担当する科が見えないから、いつの頃からか兵器製造がはじまり、二十二年の「鎮守府条例」ではじめて兵器部に昇格したということであろうか。日清戦争開戦直前の二十六年五月の「鎮守府条例」改正で兵器部を廃止し、水雷庫と兵器工場を鎮守府の直轄としているが、艦隊の需要に効率的に応える体制づくりの表われであったと思われる。三十一年から三十三年に落成した施設には薬莢《やくきょう》工場、炸薬装填《さくやくそうてん》所、砲熕《ほうこう》仕上工場等があり、艦船に搭載される銃砲及び銃砲用薬莢の製造、薬莢への炸薬装填まで行う方針であったことがわかる。艦隊の発進拠点である軍港を有する鎮守府は、艦船が使用する兵器の管理、艤装や修理を担うようになったが、その業務は年々多角化し、兵器の製造所に近い性格を持つことになった。

三十年九月の「鎮守府条例」の改正で兵器部が復活し、他方で造船部が「海軍造船廠条例」により横須賀海軍造船廠に変わり、鎮守府長官の下に造船廠長が置かれることになり、再び造船部門が独立的な扱いを受けるようになった。三十三年五月の「鎮守府条例」改正によって、新たに艦政部が置かれ、「兵器・艦営需品及び艦船の船体・機関に関する事」をつかさどることになった。これと同時に「海軍兵器廠条例」が公布され、兵器部が海軍兵器廠に変わり、艦政部長の下に兵器廠長が置かれることになり、左図のような体制ができた。

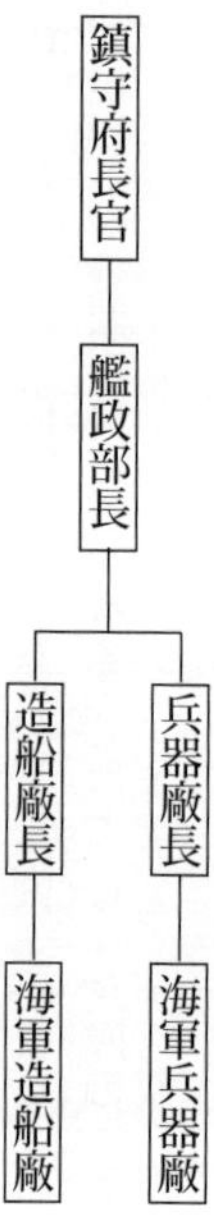

造船所が艦船を建造し、これとは別に兵器部が兵器の製造・修理をしてきた経緯を受け、鎮守府の中に造船廠と兵器廠という対等の機関が設置された。両廠には共通事項も多いことから、新たに艦政部長を置いて両者を束ねる体制にしたのだろう。だが紙面上、整合性がとれた組織であっても、工場や工作機械を共用する現場では、この体制は不便きわまりないものであったにちがいない。

造船及び兵器整備を一くくりにできる理由付けと名称が見つかれば、すぐに実行したいのが関係者の本音であった。三十六年十一月五日、造船廠と兵器廠を合併して海軍工廠を設置する「海軍工廠条例」が制定されたのは、不便を解消し、両者の作業効率を高める解決策であった。この名称を思いつくまでの海軍の苦労がしのばれる。「海軍工廠条例」第五条に「造兵部・造船部・造機部」を置くとあり、敢えて造兵部を筆頭に置いて、造船だけから一大兵器廠へと飛躍しようとする意欲が読みとれる。これまでの「兵器部」から「造兵部」に変えたことは、艦艇が使用するすべての兵器の製造を目指す強い決意を現わしている。海軍工廠という総合兵器廠の立ち上げによって、陸軍に対して技術面の優位を確立する体制が出来上がったことは疑いない。

第四節　日本の近代化と横須賀海軍工廠の功績

横須賀海軍工廠の前身である横須賀造船所を含めた歴史は、他の海軍工廠と比較して断然長い。それだけに横須賀海軍工廠（以後海軍を省略）がはじめて実施し、そのまま国内に浸透し定着したものも少なくない。たとえば仏国式度量衡つまりメートル法もその一つである。日本政府が「度量衡法」を制定し、尺貫法とメートル法の併用を決めた明治二十四（一八九一）年に先立つ十二年二月に、海軍は早くも艦船及び機械等の工業製作物にメートル法を使用することを決め、船体や機関の長さ、砲熕の口径等をメートル法で表わすことにした。二十一年六月、海軍省は部内用の度量法を決め、それによれば艦船機関兵器及び艤装関係、需品物品関係は仏国式度量法を、航海術関係、艦船の喫水標は英国式度量法を使用する二重基準とした。おそらく海図の多くが世界中の海を我がものとしたイギリスの作成であったため、航海関係は英国のヤード・ポンド法をやめるわけにいかなかったのだろう。

鉄製艦船建造の前提は、高品質の鋼鉄生産である。まだ日本には製鉄所がなく、造船で使われる鋼鉄を輸入し、一部を造船所で自前生産した。横須賀ではじめて建造された鋼鉄製艦は通報艦「八重山」だが、鋼鉄の大半は輸入でまかなわれた。鋼鉄の国産化を熱望する海軍は、十八年に鋼鉄精錬法の研究のため、海軍工夫庄司藤三郎ら三名をドイツのクルップ社に派遣を命じたが、行ってみると一部分の工程しか見せてもらえなかった。やむなくフランスのクルーゾー社に頼った。二年後、同社で水雷艇用の汽罐製造法を学ぶため、さらに海軍工夫山田一生ら三名を派遣し、親切な指導を受けた。その直後、クルーゾー社は日本海軍から十七隻もの水雷艇建造の注文を受けている。

こうした西欧の製鉄、鋼鉄精錬、汽罐製造の技術輸入の例を見るまでもなく、横須賀造船所を経由して国内に入った新技術は多かった。その中には、造船所の御雇いフランス人から指導を受けた旋盤、鋳造、錬鉄、鑞付《ろうづけ》など造船に必要な周辺技術も含まれ、横須賀造船所が我が国で最先端の技術力を有したのは間違いない。

まだ教育制度が成立する以前の時代、造船所は技術者の養成も自前でしなければならなかった。黌舎が設置され、海軍造船学校、海軍造船工練習所へと変遷していったが、それぞれの修了規則には、造船所で働かなければならない六年から十年の義務年限が定められていた。義務年限を設けた理由は、修了者の高い技術力をほしがる産業界から執拗な引き抜きを受けるか、本人の希望で修了と同時に造船所を辞める者が相継いだからだ。彼らが造船所の指示で学ぶ機会を与えられ、しかも給与まで支給されながら、修学修了とともに海軍を辞めることは、道義的に納得できないとする周囲の強い不満の声があり、苦肉の策として設けられたのが義務年限の設定であった。

大正六（一九一七）年十月二十二日、海軍省艦政局長より各工作庁に宛てた職工雇入協約に関する通達があり、大正時代になっても、海軍で高い技術を身につけた職工に対する民間会社の引き抜きが依然として跡を絶たない事実を物語っている。そのためやむなく以下の対策が講じられた。

職工雇入協約の件

誘引その他不自然に起る職工の移動に対する予防の一方法として職工の雇入れに関し下記浦賀船渠会社以下十五社と別紙の通り協約候條……解雇者等は直接各会社へ通知を得たく当協約に抵触の場合は直ちに通報相成たし（『横須賀海軍工廠外史』）

「誘引その他不自然に起る職工の移動」すなわち外部からの引き抜きや本人の意志で行う転職を防止するため、職工を雇いそうな会社との間で連絡を取り合う関係をつくるというのである。協約の第一項に「甲（海軍）又は乙（会社）の一方に勤務中の職工を雇入せさるものとす」と、相互に引き抜かない約束になっているが、協約が海軍の強い要請で結ばれたことから考えて、引き抜きによる被害者である海軍が各会社に懇請したのが実態であった。十五社とは、浦賀船渠、神戸製鋼所、横浜船渠、三菱合資会社彦島造船所・神戸造船所・長崎造船所、備後船渠、函館船渠、鳥羽造船所、播磨造船所、大阪鉄工所、石川島造船所、川崎造船所、浅野造船所、横浜鉄工所で、いずれも海軍が不満をいえる親しい関係にある造船会社ばかりであった。

第一次世界大戦がもたらした戦争景気の下で、注文に応じきれない民間造船所による海軍の技術者や職工に対する派手な引き抜きが行われるため、困り果てた海軍が関係のある民間会社に泣きついたというのが真相ではないか。しかし、大正七年七月五日の「大阪朝日新聞」は佐世保工廠の職工の動きを伝え、「海軍側は今尚職工引留策に汲々たる折柄なれば、彼等に対する愛撫策として…」とあるのを見ると、好景気に沸く民間の高い給与を求めて、職工の方から率先して出て行く流れが強かったことをうかがわせる。

近代化を急ぐ民間会社にとって、喉から手が出るほどほしいのが横須賀造船所で育てられた技術者であり、職工であった。国民の義務である兵役であれば職場を変えることはできないが、技術者や職工は兵ではなかった。職場を変えたいといえば、法的に拘束できなかった。明治二十二（一八八九）年三月に海軍工夫が常備兵籍に編入されることになったが、これも民間への移動を封じる措置であったかもしれない。明治の十年代から民間の勧誘をうかがわせる記録がしばしば見えるが、その流れは大正時代になっても少しも変わらず、むしろ明治時代より規模が大きく派手になっていった。日本人の道義心は厚いと評されるが、かなりしたたかでもあることを思い知らされる。

このように横須賀造船所・工廠育ちの技術者や職工が民間に移り、その結果として民間の技術力を高め、さらにその下請けの技術を高めていくという日本近代化の構図が形成されていった。その中には、横須賀工廠から後発の呉・佐世保・舞鶴の各工廠に派遣され、海軍の技術を全国に伝承する役割を果たした技術者や職工もいた。高い技術力を追求してきた海軍は、こうした技術者の移転によって、日本の近代化を牽引する役割を果たすことになった。

横須賀造船所が日本の近代化に対する先駆的・牽引的重責を担い、ついで横須賀工廠及び各鎮守府の工廠へと同じ役割が引継がれた。ただし工廠時代になると、鎮守府の地政学的条件等によって各工廠に特化される分野が生じた。横須賀造船所しかなかった時代には、すべての艦種の建造に当り、大半の建造を担ったが、各鎮守府に工廠が設置されると、横須賀工廠の役割はどのように変化したのだろうか。横須賀工廠に対する理解を深化させる上でも、各工廠の活動の比較を通じて横須賀工廠の性格を描けないか、少しだけ考えてみたい。

まず海軍工廠に改称された明治三十六（一九〇三）年以後における艦艇建造の実績を眺めてみよう。

これで明らかなように、横須賀工廠はすべての艦種で中心的建造機関であった。ことに横須

明治36年以降の工廠別建造実績

工廠	戦艦	巡洋艦	航空母艦	駆逐艦	潜水艦	海防艦
横須賀	6	7	11	19	2	6
呉	8	5	7	7	46	
佐世保		11	2	21	35	5
舞鶴		9		60		3

註；戦艦には装甲巡洋艦を含む。赤城は航空母艦として数えた。

賀で建造された航空母艦（空母）は主力になったものが多く、横須賀は海軍航空の中心として航空機開発、操縦者養成を担ったが、空母建造でも中心であった。二大海軍工廠の一方の雄であった呉は潜水艦建造が一番目立ち、潜水学校の設置と相俟って、潜水艦建造及び潜水艦部隊編成の中心地であった。呉工廠の代名詞にすらなっている戦艦建造は、最多の記録を残しているが、横須賀との差は意外なほど少ない。すべての艦種の建造に当ったのは横須賀工廠のみで、オールマイティ的性格は工廠の終焉まで変わらず、艦船建造に対する指導的地位を守り続けてきた。海軍艦政本部には、横須賀が航空母艦、呉が戦艦・大型巡洋艦・潜水艦、佐世保が中・小型巡洋艦、舞鶴が駆逐艦・水雷艇を主担任艦種とする方針があったといわれるが、（『日本海軍史』第四巻）、表の実数と照し合わせてみると、必ずしも方針通りでなかったことが明らかである。

横須賀・呉・佐世保・舞鶴の四鎮守府には、「鎮守府条例」によって造兵部・造船部・造機部の三部が置かれた。呉の造兵部は明治四十三年に廃止されているが、取りあえずこの三部を各鎮守府の共通項とし、これ以外に設置されたものから違いを明らかにしてみる。大正十二（一九二三）年三月に施行された「海軍工廠令」を基に、共通する三部以外にあった部を網羅してみよう。

横須賀　機雷実験部
呉　　砲熕部、水雷部、製鋼部、砲熕実験部、魚雷実験部、電気実験部
佐世保　航空機部
舞鶴　　なし

呉が六部、横須賀・佐世保が一部で、呉が海軍の生命線である砲熕の開発・製造部門を有して抜きん出ていた。この時点で横須賀工廠は少ないが、昭和四（一九二九）年に航空機実験部、十年に光学実験部・機関実験部が設置され、十一年には航海実験部・電池実験部を加えており、今日的表現を使えば、艦船に搭載する各種ソフト機器の実験開発に重点を置くようになっていった。ことに航空機実験部設置後、航空機の機体・発動機の開発を牽引し、新時代に向けた最先端技術の開発と実用化に向けた事業を担うようになったことが注目される。

第五節　横須賀で建造された軍艦

明治三十（一八九七）年頃までの主だった軍艦建造は、横須賀造船所、横須賀鎮守府造船部で行われた。最初はフランス技術者の指導を受け、ついで日本人技術者が力をつけ、やがて自立する近代化の一般的経過を見ることができる。ここでは明治から昭和初期までに横須賀で建造された代表的な軍艦を取り上げ、それらの歴史的意義を附言したい。

「秋津洲」

仏ル・アーブルのフォルテ・シャンティエ・ドゥラ・メディテラネ社で建造された巡洋艦「畝傍」は、明治十九（一八八六）年十二月三日、日本に向けシンガポール港を出港したが、間もなく消息不明になった。十ヶ月後亡失と認定されたが、これ以降、フランスの造船技術に対する不信感がつのり、急速に関心が冷えていった。ヴェルニーがいた頃から、すでに船体や機関に問題が多発し、フランスへの信頼が揺らぎかけていた。だが「畝傍」亡失事件は、まだベルタンが日本国内で活動していたにもかかわらず、仏国技術に対する信頼が決定的に崩れた。

「秋津洲《あきつしま》」も、最初はベルタンが基本計画を練った。だが英国留学の経験のある佐雙左仲《さそうさちゅう》が横須賀鎮守府造船部長に着任すると、ベルタンの計画の問題点を指摘し、急遽、見直すことになり、巡洋艦「浪速」を建造した英国アームストロング社に計画立案を依頼した。「浪速」はアメリカの防護巡洋艦「チャールストン」建造に大きな影響を与えたが、さらに兵装を強化し大型化したのが「ボルティモア」である。アームストロング社は「ボルティモア」を参考にして「秋津洲」の計画を立案したとされ、「ボルティモア」の排水量四千六百トンに対し「秋津洲」三千百五十トンと千五百トンも違うが、非常に良く似た構造をしている。「ボルティモア」は平凡な艦といわれ、快速が唯一の取り柄であったが、「秋津洲」も快速を誇った点で似ている。

アームストロング社の基本計画に基づき、横須賀造船所艦政局造船課が設計図を引き、日本人技術者の手で建造された。二十五年七月七日午後に進水したが、『明治天皇紀』巻八には、「軍艦秋津洲船体新に成るを以て、横須賀鎮守府に行幸あらせられ、進水式を行はせたまふ、秋津洲は……速力十九節を数ふる鋼製巡航艦なり」と明治天皇の臨御を得て、船体も機関も造船所で製造された純国産艦にふさわしい進水式になった。日本の造船能力が着実に力をつけ、基本計画から竣工まで日本人の手で行える段階に近づいていることを示した意義は大きい。

「薩摩」

横須賀造船所は、「秋津洲」建造後、三等巡洋艦「須磨」「明石」「新高《にいたか》」「音羽」等を設計・建造し、大きな経験を積んだ。日露戦争初頭、旅順口をめぐる両軍対峙の際、ロシア側の仕掛けた機雷によって「八島」「初瀬」の二主力戦艦を失ったため、急遽、三十七年度臨時軍事費で戦艦「薩摩」の建造が計画された。

日本が独力で設計・建造に取り組んだ最初の戦艦「薩摩」は、英国の準ド級戦艦ロード・ネルソン級に相当した。世界最強の戦艦を目指し、装甲は英艦より薄くなったが、排水量を三千トン増やし、世界最大の戦艦となった。しかし背伸びをし過ぎた嫌いがあり、砲、砲塔、甲板等の製造に手間取り、大幅に遅延した。そのため全世界を驚かせた英戦艦ドレッドノート号の登場後に竣工し、影の薄い存在になった。ド級や超ド級という表現は、ドレッドノート号を基準として艦の大小・強弱を示す言い方である。横須賀近郊に住む外国人の間では、「薩摩」が無事に進水するか賭けが行われたといわれるから、「薩摩」の性能よりも、日本人がこれほどの大型艦を造れるか否かの方に強い関心を持っていたことを示している。

本艦の計画速力である十八・二五ノットは「三笠」とほぼ同じ速力で、列国の同級艦に比べて劣り、三十・五センチ砲と二十五・四センチ砲の併用は戦力的に不利と見なされ、全体の評価を押し下げた。だが燃料が石炭から重油に代わる過渡期に位置する同艦は、両方を使う混焼方式が採用され、重油専焼方式につながる重要なステップとなった点で、「薩摩」の意義は小さくなかった。

「河内」

日本最初のド級戦艦で二万トンを超えた。国産艦としてはじめてタービンを使用して二十ノット以上を出した「安芸」の拡大強化型であった。竣工時に超ド級戦艦が出現し、ド級の「河内」の登場は色あせたものになったが、大正四（一九一五）年に「扶桑」が登場するまでは日本で最大最強の戦艦であった。凌波性に勝れたクリッパー艦首ばかりの日本艦の中で、垂直艦首を有する唯一の戦艦で、艦の偉容を保持するのが狙いだったとする皮肉を込めた評価もある。

第二船台を使用したのは「薩摩」に続いて二番目だが、「河内」起工時にはガントリークレーンができていた。「河内」が「薩摩」より十五メートルも長くなったため、船台もガントリークレーンも延伸された。建造は順調に進み、「薩摩」が竣工までに四年十ヶ月を要したのに対して、「河内」はわずか二年十一ヶ月と大幅に短縮された。なお主機関はカーチス単式タービンで、神戸川崎造船所がアメリカのフォアー・リヴァー造船所の指導を受けて製造した。

横須賀工廠で「薩摩」、呉工廠で「安芸」が同型艦として建造されたように、「河内」と「摂津」も横須賀と呉で建造された同型艦であった。各工廠の手仕事で造られる部分が多く、同じ

戦艦・巡洋戦艦の建造所別建造実績

建造所	艦　名
横須賀工廠	薩摩、河内、鞍馬、比叡、山城、陸奥、信濃、天城、尾張
呉工廠	安芸、摂津、筑波、生駒、伊吹、扶桑、長門、大和、赤城、紀伊
外国・民間	金剛、榛名、霧島、伊勢、日向、武蔵、加賀、土佐、高雄、愛宕

※文字囲みのあるものは、起工時に戦艦・巡洋戦艦であったものが、途中で解体・海没処分されたり、艦種替えされたものを指す。

設計図に基づいても細部に差異が生じることは珍しくない。「河内」建造の頃になると、日本の造艦技術は列強と大きな差がなくなったが、それは造艦についてであり、搭載される砲熕類の高性能化につれ、操作を補助する機器類も高性能化したが、この分野での差は大きかった。

「山城」

大正六（一九一七）年に竣工した「扶桑」型の二番艦である。これまで一番艦は横須賀、二番艦は呉の順番であったが、この型から逆になった。艦船建造を管掌する艦政本部に横須賀と呉のすみ分けをする政策があったことは前述したが、呉工廠の大型艦建造能力の向上を反映しているのだろう。「薩摩」以降、起工時に戦艦・巡洋戦艦に類別された軍艦を建造した造船所をみると、表のような結果になる。

これでは、戦艦建造の中心を呉にする方針があったとは断言できない。むしろ、横須賀・呉・民間の三者に均等に割り振ろうとした方針があったのではないかと推測させる。艦政本部の主担任艦種の方針はともかく、どこにおいても優秀な戦艦を建造できる方が望ましいわけで、そうした配慮があったのかもしれない。

「山城」と「扶桑」は、はじめて常備排水量が三万トンを超えた大型艦になった。宮原式混焼罐を搭載した最後の戦艦で、主機関には性能のよいブラウン・カーチス式直結タービンを採用し、二十三ノット以上の速力を出した。欧米で航空機が戦力化され、艦船に対する航空攻撃が現実視される状況になったことを反映し、十二・七センチ連装高角砲が四基設置された。「扶桑」が大正四年に竣工した際には高角砲の搭載がなく、七年に大急ぎで取付けた経緯があり、第一次大戦の戦訓が日本海軍に与えた影響を読みとることができる。

「妙高」「高雄」

重巡洋艦（以後、重巡）は、昭和五（一九三〇）年のロンドン海軍軍縮条約ではじめて定義された艦種で、一万トン以下で六・一インチ（十五・五センチ）から八インチ（二十・三センチ）までの大砲を搭載した巡洋艦を指す。この時に登場したわけでなく、巡洋艦の建造を制限するために設けられたカテゴリーであった。日本の巡洋艦でこれに属するのは古鷹型、青葉型、妙高型、高雄型、最上型、利根型で、各国海軍に大きな脅威を与えたのが妙高型と高雄型であった。両型の一番艦である「妙高」及び「高雄」は、ともに横須賀工廠で建造された。

ワシントン海軍軍縮後、日米の海軍力の差が広がる中で、海軍が大型巡洋艦だけは日米同数を維持しようと努力したことからも、重巡をとくに重視したことがわかる。重巡の使命は、艦隊決戦を有利に導く漸減《ぜんげん》作戦の中心的戦力として行動することで、そのために高速で強力な兵装を有し、わけても雷装（魚雷の装備）は抜群の強さを誇った。艦隊決戦で有利な態勢をつくるために構想された漸減作戦の一つに、海軍が得意と信じた夜戦において、酸素魚雷による敵艦隊の漸減があった。同時期に建造された戦艦に、航空攻撃に備える配慮が見られるのに対して、重巡にそうした変化がないのは、重巡に漸減作戦での使命が特化されたためであろう。

「妙高」は「青葉」の拡大強化型で、「青葉」では一部の汽罐に石炭・重油の混焼方式が残っていたのに対し、「妙高」ではすべての汽罐に重油専焼方式を採用し、三十五ノット以上の高速を出すことができた。加速すると、乗員の体重がうしろに残る現象が起きたといわれる。

「高雄」は「妙高」に改良を加え、さらに性能の向上をはかった艦である。主な改良点は、前後の主砲の間隔を狭めて防禦を集約化したこと、主砲の仰角を広げて対空射撃を可能にしたこと、魚雷発射管を旋回式に改めて上甲板配置にしたこと等であったが、最大の特徴は重巡らしからぬ巨大な艦橋構造にあった。重巡に司令部機能を持たせる意図から艦橋が大きくなったといわれ、情報収集に当る偵察用搭載機が一機増え、射出機も一基増設された。

「鳳翔」

航空機の登場が列強間の軍事競争を劇的に変えた。第一次大戦前後の時代、アメリカでは都市化が進み、中産階層が台頭し、週末には自動車で買い物や遠出をする新現象が見られるようになった。自動車の普及の延長上に航空機の発展があった。日本のように自動車も走らない社会から、飛行機が飛び出すのは異例中の異例である。

だが陸海軍は航空機に対して強い関心を持った。日本では交通手段ではなく、純粋に兵器として受け止められた。大正五（一九一六）年に追浜に海軍航空隊が創設され、八年には陸軍が仏国からフォール航空団、海軍が英国からセンピル飛行団を招聘し、航空機の操縦、写真偵察、爆撃・雷撃等戦術、整備、航空隊編成に至るまで修得につとめ、その後の陸海軍航空発展の礎を築いた。

航空機を軍事力として利用する方法を吸収中の八年九月、海軍はイギリスの全通甲板型空母の構想を参考にして航空母艦（空母）の建造を志した。水上機をクレーンで海面に降ろす水上機母艦を空母と思い込んでいた時代に、長い甲板を離発着できるかやってみる進取の気性には驚かされる。何でも欧米の後塵を拝してきた日本が、はじめて未知の世界に乗り出そうというのである。

主力艦の建造に忙しかった横須賀工廠は、船体の建造を横浜の浅野造船に依託した。大正十年十一月に進水した「鳳翔」は横須賀工廠に回航され、一年かけて機関の搭載、上部構造の艤装工事を行い、十一年十二月二十七日に竣工した。英国初の空母「ハーミーズ」よりわずかに早く竣工し、純空母として建造された世界初の栄誉を獲得した。実用実験艦的要素を多分に含み、試行錯誤は覚悟の上で、艦の動揺防止用のスタビライザーの設置、着艦制動用のワイヤーの展張、気流を乱す排煙をそらすために外側に倒す構造の煙突、艦首に向って傾斜をつけた前甲板など、数々の新機軸を取り入れた。やってみて駄目ならやり直す、腹をくくった空母建造であった。

十二年二月二十二日、東京湾口において最初の着艦実験が行われた。国産の十式艦上戦闘機を使い、三菱のテストパイロットのジョルダンが着艦テストを行い成功を収めた。続いて吉良俊一大尉が試みたが一度目は失敗、二度目に成功を収めた。日本海軍における空母時代到来を告げる快挙と讃えられ、これを機に日本は空母の建造、航空隊の充実に奔走し、これまで目標であった英国海軍を追い抜き、米海軍と空母戦力を競う新しい時代を迎えることになる。

第三章

船台・船渠と海軍水道の整備

第二船台での「陸奥」進水式　大正９年５月31日
横須賀市自然・人文博物館蔵

第一節　船台・船渠の建設

一般に海軍の軍艦や飛行機の性能に対する関心は高いが、これを維持する負担についてはそうでもない。軍艦や飛行機を要求するときには、購入費と何年間分かの維持費を合算し、それが国家の経済力に見合うかまでを合わせて考慮しなくてはならない。近頃では、メンテナンスといった方が通りやすいが、兵器は進歩するごとに複雑かつ精巧になり、メンテナンスもむずかしくなり、この能力も戦力の一部になった。メンテナンスなくしては、優秀な兵器でも無用の長物・張り子の虎になりかねない。兵器の数で軍事力を推量するのは間違いではないが、兵器の何割が使用可能であるかを割り出す可動率に触れない議論は机上の空論に近い。日本海軍がすぐれていたのは、軍艦建造と同じか、それより早く船台・船渠の建設に取り掛り、メンテナンスに必要なインフラの整備につとめたことだ。

広大な空間で建造される軍艦は、船台の上か乾船渠（ドライドックかドックのこと、本書では船渠とする）の中で建造されるが、大半の艦は船台上でつくられた。船台は、海面から斜面を設け、そこにレールを敷き、その上に建造のための台が置かれるが、これが船台である。船体ができた時、滑り止めをはずされた船台が艦を載せて海面に滑り降りる儀式が進水式である。船渠での進水式は、船渠を塞いでいる水門から海水を入れて建造した艦を浮かばせるだけだから、レールをくだる艦が左右に大きな波しぶきをつくる船台の進水式のような華がない。

船渠に比べ船台の建設は期間が短く少ない費用でできることから、横須賀でもこの方式が早期に導入され、明治元（一八六八）年に最初の船台が完成し、十四年までに三基が揃えられた。はじめは、入港した船を船台に載せ、陸に揚げて修理するのを目的としていたので、修船台（曳上ドック）とも呼ばれた。三基は北から第一・第二・第三と呼ばれ、第一と第二が造船用、第三が修船用であった。日露戦争直前の三十六年四月から二つの船台のコンクリート化工事がはじまり、三十九年に終了した。最初に完成したのが第三船台、あとが第二船台で、第一船台のあった場所は作業用の広場になり、同船台は二度と復活しなかった。

大正時代に潜水艦船台、太平洋戦争中に軽船台が建設され、それぞれ潜水艦と駆逐艦を建造したが、戦艦、巡洋艦、空母等の大型艦は第二、第三の船台を使用して建造された。なお横須賀工廠の象徴として市民に親しまれてきたガントリークレーンは、明治時代末に第二船台に備えられたもので、これができてからは大型艦建造の工期が著しく短縮され、横須賀工廠で建造される大型艦のほとんどは第二船台で行われた。

大型艦は船体が出来上がると進水式を迎え、このあと軍艦の機能を備えるため、各種の装置や設備を取付ける艤装《ぎそう》作業が延々と行われる。作業には将校である艤装員長及び艤装員が乗り込み、作業に細かな注文をつけるため、艤装員長の性格が滲み出るといわれ、彼がそのまま初代艦長になることが多かった。艤装を行う施設を艤装岸壁というが、横須賀軍港では艤装専用の岸壁がなく、代わりに係留場を使用したため慢性的不足を来したが、明治末になってようやく建設が認められ、艤装専用の小海《こうみ》西岸壁と小海東岸壁が建設された。

小海西岸壁では、建設工事に入る前から西岸壁に当る場所で戦艦「河内」、巡洋戦艦「比叡」の艤装が行われたが、地質が悪く、設置した英国製二百トンクレーンが倒壊する恐れがあったため、周囲を補強しながら艤装が進められた。建設工事は明治四十四（一九一一）年に始まり、大正四（一九一五）年九月末に完成したが、岸壁の長さが三百四十五メートルにもなり、しかも艤装のたびに浚渫を繰り返したため、水深が十メートルにもなった。

小海東岸壁は、軍艦の大型化に伴う大馬力機関や大口径の大砲の積み下ろしができる三百五十トンと六十トンの走行クレーンを一基ずつ備えた点に特色がある。西岸壁に比べ機械工場から遠かったことが原因で、完成当初はあまり利用されなかった。西岸壁に比べ短かったが、昭和九（一九三四）年に六十トンクレーン、翌十年に三百五十トンクレーンが設置され、「大和」型戦艦の艤装も可能になった。

艤装の終了を竣工と呼び、艦隊側に引渡されたのち、慣熟訓練を経て任務につくが、これを就役と呼ぶ。そこから先はメンテナンスが任務の遂行を左右するようになる。海水・潮風に常に曝される艦船は、メンテナンスを怠ると、たちまち赤い錆が吹き出す。海に浮かぶ船には艦底に貝殻類が付着し、航行を妨げる。相手を上回る速力を求められる軍艦では、商船に比べ短い間隔での洗浄が必要で、艦底に付着した貝殻を削ぎ落とすには船渠での洗浄が不可欠であった。

定期的な洗浄ばかりでなく、塗装のはがれ、破損の修理などを必要とする場合もあり、船渠での作業がしばしば必要になった。極東へと進出を強めた英仏独などの欧米列強の需要に応えたのが日本であった。明治維新直前の慶応三年（一八六七）四月、仏人の造船所建築課長L・F・フロランが設計した船渠が横須賀で起工され、明治四（一八七一）年一月に完成した。第一船渠である。徳川幕府と仏公使ロッシュとの間では、三基の船渠を計画したが、財政的余裕がなかった。そのため、極端に小さくした第三船渠を造ることにした。後任の建築課長V・C・フロランが設計し、七年一月に竣工した。この間にも各国の軍艦及び商船の入港が相継いで船渠不足を生じ、数ヶ月も待たされることも珍しくなかった。

明治十一年に中牟田倉之助が横須賀造船所長に就任すると、これを解決する唯一の方法が大型船渠の建設にあるとして、海軍大輔川村純義に工事を上申し、十三年七月、第二船渠工事着工の運びとなった。ジゥエットが設計し、黌舎卒業生の恒川柳作が施工監理を担当した。三つの船渠の中で最大で、工事途中で予算不足を理由に規模を縮小する案も出たほどであった。工事は順調に進み、十七年六月に竣工した。第二船渠である。第四船渠は日露戦争が終わる三十八年九月に完成しているので、日清・日露戦争を挟む二十一年間は、三つの船渠で賄ったことになる。

船渠を建設すると、大量の土砂が出る。昭和二十（一九四五）年までに六つの船渠が建設されたが、掘り出された土砂は現在の大滝町の周辺や国道十六号線沿いの埋立てに利用された。船渠が出来るたびに埋立地が造成され、市街地が建設されていったわけで、軍港拡張と横須賀市街の形成との密接な関係がうかがえよう。

船渠の利用に関する記録が少なく、ヴェルニーの時代に三百数十隻を受け入れたというのが唯一の伝聞だが、横須賀鎮守府造船部が横須賀造船廠に改称される明治三十（一八九七）年まで外国艦船の入渠が認められた。換言すれば三十年以後はできなくなったわけで、アジアに利用できる船渠のない列強は苦境に陥った。三十五年に日英同盟締結に平行して日英軍事協商が横須賀鎮守府内で協議されるが、その際に「艦船に対する入渠修繕の便宜供与」が取り上げられた。アジアで使える大型船渠がないイギリスが、日本における船渠の利用可否を諮った動きである。日英軍事協商は七月にロンドンで締結され、その中に英国艦船の船渠利用に関する項目も含まれた。

建造数の増加及び軍艦の大型化が、第四の船渠の建設を促した。第四船渠が起工された三十四年十一月当時、海軍は常備排水量一万五千トンの「敷島」型戦艦の整備を進めていた時期で、もっと大きな船渠を建設する必要があった。常備排水量とは大正末期まで使われた表記で、弾薬の四分の三、燃料の四分の一程度を搭載した状態を指した。建設予定地にある山を取り除くために予定期間と当初予算を大きく超えたが、強い意志によって工事が進められたものの、日露戦争には間に合わなかった。だが英独の建艦競争の煽りを受けて、軍艦の大型化するテンポに追いつけないことが認識され、もっと大型の第五船渠の建設計画が議論されはじめた。

第五船渠は明治四十四年に起工し、大正五（一九一六）年一月に開渠した。「金剛」「比叡」「扶桑」「山城」等の二万五千トン以上の大型艦の入渠を目指して建設されたが、間もなく建造中の二万九千トンの「山城」には長さが足りないことがわかった。当初計画より七十メートル延ばす延長工事は、予算不足、関東大震災等により休止することもあったが、大正十三年十月末に終了した。これだけ大きければ、八年に起工した四万トンを越える巡洋戦艦「天城」も入渠可能であった。

第一次世界大戦が終わると、建艦競争も過去の話になったと思われた。航空機や潜水艦といった新兵器が登場し、新しい時代の到来を感じさせた。だが第一次大戦の勝利国である英米日の海軍内には、さらなる巨大戦艦を求める声が根強かった。昭和九（一九三四）年にワシントン海軍軍縮からの離脱を決めた日本海軍の中で、基準排水量六万トンを超す巨大戦艦建造計画が動き始めた。基準排水量とは、ワシントン条約で定められた状態の排水量である。大和型戦艦計画は「大和」「武蔵」「信濃」「紀伊」四隻を建造するものだが、途中で「紀伊」が中止となり、呉工廠で「大和」、三菱重工長崎造船所で「武蔵」、横須賀工廠で「信濃」が建造されることになった。

横須賀工廠では第六船渠が昭和十年七月に起工されたが、修理用ではなく艦を建造する造船用として計画され、百トン大型クレーン二基、六十トンクレーン二基が据えられることになった。全長三百六十五・五メートル、幅六十七・五メートル、深さ十七メートルの巨大な船渠を建造するため、百五十万立方メートルの土砂岩石を採掘することになり、日本では珍しいスチームショベル、電動ショベル等の機械力が駆使された。採掘された土砂岩石は米ヶ浜海岸一帯の埋立てに利用された。完成したのは十五年五月、ほとんど同時に第一一〇号艦「信濃」が戦艦として起工された。海軍が、どれほどこの船渠の完成を待ち焦がれていたかがうかがえる。

第二節　水の確保と軍艦建造

軍港では、入渠した艦船の底を洗い落とす水、艦船へのボイラー用水・生活用水の補給など、水の需要は極めて多い。維新前後に横須賀製鉄所と呼ばれたことがあったように、造船所では、製鉄、鋳鉄、鋳鋼、製罐等の作業のため、大量の工業用水を必要とした。当時は社会インフラの整備も緒についたばかりであったから、水の確保も海軍が自力でやるほかなかった。海軍(軍港)水道と呼ばれる理由は、海軍が独力で水源地の調査、導水管敷設や濾過施設の建設等すべてを行ったからである。後から発展した横須賀市や周辺町村は、海軍から分水してもらうか、海軍の水道施設を貸してもらうしかなかった。数少ない水源地をめぐっては、神奈川県や横浜市と競争することもあった。

多くの水を使う横須賀造船所では、最初、湿ケ谷(現在の米海軍横須賀基地内)の湧水、次いで汐入の長源寺所有地内の府当ケ谷の溜池で賄ったが、需要を満たすことができたのはほんの一時期であった。増え続ける需要に対応するため、ヴェルニーは水源地調査を進め、観音崎に近い小原台《おばらだい》崖下の走水《はしりみず》に良質で湧水量も多い水源地を見つけた。造船所までの直線距離は約七キロで、これまでにない大がかりな導水施設が必要であり、水道建設計画を作成し、海軍卿勝海舟の承認を得た。二年四ヶ月をかけ、ヴェルニーが帰国したあとの明治九（一八七六）年末に完成した導水施設は、走水水源地から造船所までのわずかな高低差を利用する自然流下式で、現在崖下を走る京浜急行浦賀線に近いコースを取りながら水を通すことにした。計画では、途中四ヶ所のトンネル掘削、五インチ径土管の埋設、造船所内に溜池設置等を盛り込んでいる。便宜上、これを走水水系と呼ぶ。

だが水の使用量は予想を超えたテンポで増え続けた。二つの船渠を利用する艦船の増加、造船所施設の増設と作業量の増加が主な原因だが、第二船渠が完成すれば、使用量がさらに増えることは避けられなかった。水不足がはじまった十八年、走水水源地の溜池を拡張して貯水池とし、既設の五インチ径土管を八インチ径鉄管に交換して、導水量を増やす改修に着手した。十九年四月二十九日に停泊艦船に飲料水の提供をはじめているので、一年前後で工事が終了したとみられる。提供される水は一トン当り二十銭と定められたが、代金を徴収するのは主に外国艦船であり、横須賀軍港で造修を受ける外国艦船が少なくなかったことをうかがわせる。

ベルタンが指導した「橋立」の建造後、「秋津洲」「須磨」「明石」といった二千五百トンを超す二等・三等巡洋艦が隔年で起工され、船渠も各工場も忙しかった。明治三十年代、横須賀海軍造船廠に組織が変更された時期には、小型艦船の建造が増え始め、それに伴い製罐工場、発電機械工場、機械工場Ⅰ・Ⅱ、器具造修所が新設・増設された。それでも日露戦争まで走水水系で需要を賄うことができたのは、艦隊の作戦海域が渤海湾・東シナ海・朝鮮海峡方面に偏り、戦時特有の艦隊が丸ごと入港するようなことがなかったためであろう。

すぐに需要増加に対応できない水道は、長期的展望に立って十年、二十年先の需要を見越し、逼迫する何年も前に拡張または新設の工事に取り掛かるくらいでなければならない。造船廠の人員が急増をはじめた明治三十四、五年、走水水系の八インチ径鉄管を十インチ径鉄管に交換し、走水の湧水を少しでも多く利用する集水埋渠の設置、蒸気機関によるポンプ圧送の工事を急いだ。

日露戦争直前の明治三十七（一九〇四）年一月、アルゼンチンから譲り受けた装甲巡洋艦「日進」の大改装がはじまった。排水量七千四百トンは横須賀で扱う艦としては最大で、三十六年に造船部から変わった横須賀工廠の能力を高める契機になった。三十八年には、日本最初のド級戦艦で一万九千トンを超す「薩摩」、一万五千トン弱の装甲巡洋艦「鞍馬」の建造が相継いだ。大型艦建造時代の到来であり、と同時に従来の外国発注策に終止符を打ち、コツコツ築き上げてきた技術力を結集して、すべての艦船を日本で建造する国産化時代の到来でもあった。

明治四十二年に超ド級戦艦で二万二千トン近い「河内」、四十四年に二万六千トンを超す巡洋戦艦「比叡」、大正二年に二万九千トンを超す戦艦「山城」が隔年で起工され、ワシントン海軍軍縮で艦船建造が抑制されるまで横須賀工廠にとって最も華々しい時代を迎えた。工廠で働く人員数も艦船建造に比例して増え、三十三年まで四千人止まりであったのが翌年から増加に転じ、日露戦争中に一万人を越え、三十九年には一万五千人の大台に達し、横須賀及びその周辺の人口増加の主因になった。鎮守府関係者の横須賀市及びその周辺の人口に占める割合が大きくなるにつれ、鎮守府が周辺市町村への分水まで考慮せざるをえなくなった。

　海軍工廠の水道使用は一貫して増え続けた。走水水源における取水は限界に達し、さりとて三浦半島には取水できる大規模河川がない。明治四十年から神奈川県全域に水源調査を広げ、県下唯一の山塊である丹沢の山麓にまで達し、相模川の支流である中津川の清流に白羽の矢が立てられた。ところが水道建設では、開港以来、外国船に給水してきた横浜市がすでに調査を終え、中津川を水源とする計画を立てていた。横須賀鎮守府と横浜市の間でどのような話し合いがあったのかは不明だが、日本海海戦の大勝利で海軍の威勢がとみに強まった頃であり、「国防のために」という殺し文句の前に横浜市の方が引かざるをえなかったのではないか。やむなく横浜市は、山を一つ越えた道志村に新たな水源を求めて移っていった。

　中津川を獲得した海軍は、愛川村半原に取水口を設け、厚木・藤沢・鎌倉・逗子・田浦を経て逸見《へみ》に至る総距離五十三キロに及び、一日の送水量が走水水系の六倍という増強計画を立てた。これを半原水系と呼ぶ。送水管には水圧に応じ五種類の鉄管を使用し、四キロ毎に掃除口、随所に排気弁・安全弁を設け、途中の河川では河床の下に鉄管を通したり、上に鉄橋を架けて鉄管をわたす。逸見には、高度六十メートルの山上に着水井一井、濾過池四池、浄水池二池、配水井一井を有する大きな浄水場を建設、ここから径七十五センチの配水管を使って一気に軍港施設に落とすという壮大なものであった。明治四十五（一九一二）年二月に着工、十年の歳月と総工費三百八十四万円という巨費が投ぜられ、大正七（一九一八）年十月に通水、十年三月に全工事が終了した。

逸見浄水場の配水塔と濾過池

ところが完成からわずか二年半後、半原水系の近くを震源地とする関東大震災に見舞われた。地中の鉄管がむき出しになったり、地下に埋設された鉄管が上下左右に大きく湾曲したり、地中を切断された鉄管が移動するなど壊滅的被害を受けた。鎮守府は五班からなる作業隊を組織し、昼夜兼行で復旧作業に取り組み、四ヶ月後の大正十二年十二月末には通水できるまでに漕ぎ着けた。ところが翌十三年一月十五日明け方、余震とみられる強い地震が襲い、前年の本震よりも大きな被害を受けた。

鎮守府は再び作業隊を投入し、厳冬期の凍てつく寒さの中、作業隊は溢れる地下水に苦しみながら復旧につとめ、二ヶ月後の三月二十八日に通水に成功した。

半原水系が完成した頃は、ワシントン海軍軍縮条約が成立し、一時的にせよ建艦競争に終止符が打たれ、海軍工廠における建造が凍結され、工員の解雇が行われ、市内に空き家が目立った時期である。水道使用量が一時期わずかに減ったものの、再び増加に転じた。そのため、昭和に入ると給水不足を生じ、鎮守府は増水のため、つぎの対策を打たねばならなかった。逗子の沼間に加圧ポンプ二台を設置して一日当り四千立方メートルも送水量を増やし、さらに半原の沈殿池壁のかさ上げやポンプの新設を行って三千立方メートル増やし、一日当り二万立方メートルの送水を可能にした。

大正十年のワシントン海軍軍縮条約によって艦船建造が抑制されたのは確かだが、横須賀工廠の動きを見ると異なる印象を受ける。職工募集を停止し、工員が急減するが、他方で十一年に一万四千トンの運送艦「鳴門」の起工、十二年に巡洋戦艦「榛名」の第一次大改装着手、十三年には、関東大震災で船台からキール（竜骨）が脱落して修復不能になった「天城」の代艦として戦艦「加賀」の空母への大改造着手、一万トンの一等巡洋艦「妙高」の起工といったように、むしろ仕事量は増加した。大幅な整理は、第一次大戦中に増えすぎた人員の整理といった側面が強く、水道使用量の増加の方が、工廠の実態を正しく反映していると思われる。

満洲事変が勃発した昭和六（一九三一）年、工廠の人員が八千五百人にまで落ち込んだ。翌年から増加に転じ、太平洋戦争が終わる昭和二十年まで直線的に増え続け、八万六千人に達した。しかし工員の増加に比べ、艦船建造の増加は顕著ではない。これは年々、兵器類の部位、部品の数が増え、高い性能を求めて艦船に載せる機関、大砲や機銃・機雷や魚雷・無線機や有線機等電気機器が複雑多岐となり、特に造兵部門で多くの技術者及び職工工員を必要としたからであろう。

欧米では、自動車輸送の比重が高まり、四方八方に延びた道路網を使って民間企業から部位、部品を調達する方式が発達したが、自動車輸送がまったく進展しなかった日本では、海軍工廠の例を見ても、何でも工廠内で製作する自己完結性を求める伝統的建造方式に変化がなく、そのため製造工程数や職工工員数は膨張の一途を辿った。こうした製造工程や工員の増加が、水道使用量の増加を押し上げる最大の原因になったと考えられる。

半原水系が限界に達しつつあると判断した鎮守府は、昭和十三年六月、神奈川県営水道から一日当り一万立方メートルの分水を受けはじめた。海軍の水道自立政策が限界に達したことを物語る。だが水需要の増加が不可避の情勢にあり、新たな水源を、現在のＪＲ相模線社家《しやけ》駅に近い高座郡有馬村社家の相模川伏流水に求め、一日四万立方メートルの水を得る有馬水系を計画した。同村中河内の有馬浄水場から藤沢柄沢を通って海軍大船燃料廠に分水、さらに北鎌倉駅・鶴岡八幡宮・大町・逗子沼間を経て横須賀田浦配水池に至る二十八キロのルートである。

有馬水系は昭和十四年頃に着工され、全国から動員された徴用者の突貫工事により、十六年に一部通水が可能になった。急を要したため、伏流水で清澄であることから濾過の過程を省略し、短時間の沈殿のみで送水された。終戦までに施設に未完成のものがあったが、二十年十一月末までに工事を完了し、旧海軍職員とともにそのまま横須賀市に引き継がれた。

第四章

東京湾口を守る横須賀の陸軍

横須賀重砲兵連隊　横須賀市自然・人文博物館蔵

第一節　首都防衛枢要の地

ペリー艦隊の来航を見るまでもなく、観音崎を中心とする左右の海岸に面する地域が、首都防衛の最重要の軍事的要衝の一つであることは誰しも認めるところである。我が国の軍備が陸軍と海軍に分かれる前から、この地には幕府の命令で警護のため諸藩の藩兵が張り付き、それを明治政府軍が引継いだ。明治政府軍がそのまま陸軍へと発展していったと考えると、明治維新直後から、観音崎周辺より横須賀にかけての一帯に陸軍の駐屯地、砲台、演習地がそこここに在っても少しも驚くことではない。

その後、海軍が独立して、横須賀造船所を中心に発展をはじめると、陸軍の所有しない地を探して海軍用地として取得していくが、場所によっては陸軍の土地を分けてもらったり、交換する必要が生じ、陸軍と海軍の所有地がモザイク模様に入り込む形になった。東海鎮守府が明治十（一八七七）年に千代ヶ崎射的場の買入れに走ったが、陸軍との折り合いがつかず、やむなく神奈川県令が調停に乗り出した例も報告されている。

いずれにしても横須賀一帯が海軍の地というのは一種の思い込みで、歴史的にみれば陸軍がいて当然なのである。

記録をみると、明治十三年に陸軍士官学校工兵科生徒少尉が鴨居村観音崎近傍で測図演習のあること、十六年には同士官学校生徒少尉が三浦・鎌倉両郡の村落において同様の演習のあること、十七年には陸軍参謀本部軍用電信隊の野外演習が三浦郡で行われることなどを伝え、不都合がなきよう努められるべしとの達が三浦郡長から発せられている。日清戦争直前の二十五年頃まで、浦賀に近い鴨居に陸軍士官学校鴨居出張所が置かれ、東京にある陸軍士官学校の生徒が三浦半島にまできて各種演習を行う事務をとっていた。陸軍の演習地といえば千葉県習志野から四街道一帯を想起するが、習志野方面での演習が盛んになる以前には、とくに軍事的枢要の地として重視されていた三浦半島の地形に慣れる狙いも込め、陸軍将兵が横須賀周辺の寺や農家等に分散宿泊しながら演習を繰り返した。

不入斗《いりやまず》には要塞砲兵幹部練習所があり、千代ヶ崎から観音崎にかけての一帯で行われる実弾射撃訓練スケジュールの作成と周辺の町や村との調整を行った。明治二十六（一八九三）年に千代ヶ崎砲台の建設に着手したが、資材を搬入するための桟橋建設、資材置き場の購入、資材輸送用道路工事などに浦賀町が協力している。各施設との間に軍用道路を建設するため、陸軍は官有地の陸軍省への管理換え、民有地の購入を進めた。自動車の導入が進まなかった日本では、道路幅が狭いだけでなく、ほとんど舗装も行われなかった。それでも道路網ができれば、住民の日常生活が便利になるから、地元も積極的に協力した。特別な場合を除き、陸軍が住民の軍用道路使用を制限した事例はなく、住民もこれに感謝して「浦賀住民は平素軍道を通行し得るの便あるを以て、（中略）該軍道を左の条項に従い修繕するの義務を負うことを約す」（「明治四十一年　要塞地帯作業願書綴」）のように修繕の負担を引受けている例もある。戦時と違い、普段の陸軍には住民生活の慣行や所有権を無視する強圧的姿勢はなく、住民側にも軍の工事で労賃が入るだけでなく、山間部の生活が便利になるため、陸軍の施策に反対する動きは見られなかった。演習地が広がり、入会権が制限されたと思われる例もないではないが、大きな争点にはならなかった。

明治二十年代に砲台が相継いで完成したが、その都度試射が行われ、そのあと定期的に訓練射撃が行われた。海軍はというと、さすがに軍港周辺で軍艦の主砲を使った実弾射撃をしなかったが、「長浦湾漁業の義は海軍水雷御設置の場所にて平素漁業御禁止に有之」（「祭魚漁文庫」）の記録を見ると、軍港周辺に防備用の機械水雷（通称「機雷」）を敷設したため、近隣漁業に少なからぬ影響を与えることがあった。

日露戦争が近づいた三十四、五年になると、海軍の陸戦隊、陸軍の観音崎砲台や横須賀要塞砲兵学校が観音崎・花立台・小原台等で実弾演習を繰り返した。現在、防衛大学校のある小原台・花立台を頂上にして横須賀側の海に向って山裾が下っているが、この一帯が小銃や大砲の演習地で、海に向って盛んに実弾を飛ばしていた。いまでは日本でもっとも通航量の多い水路の一つだが、当時はめったに通らなかったから、気遣いなく撃てたのであろう。人家がまばらで、演習にともなう事故の記録はなく、陸海軍と住民との共存が成立していた。

第二節　東京湾要塞

明治前半、海軍建設の途上にあった日本が強い影響を受けたのは、何度も繰り返し述べたようにフランス海軍であった。日本海軍にとって、圧倒的戦力を誇っていたイギリス海軍を真似したくてもできないことばかりで、その点、イギリスに対して劣勢であったフランス海軍は、模範とするにはちょうど良かったのである。

海軍力が劣勢なフランスは、必然的にイギリスに対して海岸防禦に重点を置く受け身の態勢になった。この態勢の中心に在って、海岸防禦を担当したのが鎮守府であった。名称からしても守勢を旨とする機関で、軍港を根拠地にして中小艦艇の集団、海岸監視所、沿岸砲台、海岸警備隊間の連繋をはかって海からの侵入に備えるというものであった。旧藩の艦船と人員の寄せ集めであった明治初期の海軍が、フランス海軍に学ぼうとしたのは適切な選択であった。しかし仏式鎮守府が日本に入ってきた時、明治政府成立の経緯、陸海軍間の力関係、縦割り式組織制度といった日本の国情に左右されるのは致し方ないことである。

仏式鎮守府が担当した機能のうち、たとえば幕末に各地に建設された海岸砲台を陸兵中心の維新軍が引継いだ流れがあり、鎮守府が設立されたときには、すでに陸軍がその周囲の砲台を管理運用していた。

明治維新後、海岸防禦の強化を求める動きが沈静化し、改めて明治十三（一八八〇）年に重要湾口の砲台建設に着手しているが、あまり急ぐ姿勢はみられなかった。十七年八月、維新後、我が国周辺で起った最初の本格的戦闘である清仏戦争の影響を受けて日清貿易が途絶したことにより、忘れかけていた海岸防禦に再び関心が集まった。十八年四月に設置された陸海軍合同の国防会議の席上、師団・鎮守府・軍港の位置、要塞・城塞・堡塁・砲台の建設等について議論が白熱し、海岸防禦施設の建設を急ぐ空気が一気に強まった。

十九年に観音崎北門第四砲台、二十一年に夏島・笹山・箱崎高各砲台、二十二年に波島砲台、二十三年に米ケ浜砲台、二十五年に走水高・小原台・花立台・観音崎南門各砲台と第二・第三海堡等の建設がはじまっている。東京湾口に建設された第二・第三海堡はともに難工事で、第二海堡は二十五年かけて大正三（一九一四）年に完成、第三海堡は水深四十メートルの地に建設したため、三十年かけて大正十年に完成している。だが第三海堡は完成二年後に関東大震災に見舞われ、半分以上が水没する壊滅的打撃を受け、使用不能になった。日露戦争の際、乃木大将の率いる陸軍第三軍が夥しい犠牲者を出しながらロシア軍の旅順要塞を攻略できず、このため内地から要塞砲十八門を持ち込んで攻略した挿話はあまりに有名だが、要塞砲のうち八門が箱崎高砲台、六門が米ヶ浜砲台から運び出されたものであった。

日清間の対立が激しくなりはじめた明治二十三（一八九〇）年、要塞砲兵連隊第一大隊、ついで第二連隊が編成され、観音崎及び走水などの砲台の守備についた。日清戦争開戦直前の二十七年七月、臨時東京湾守備隊司令部が設置され、各砲台が連繫して防禦する体制が形成された。さいわい清国海軍の東京湾侵入はなかったが、司令部を中心に各砲台を統制する利点が評価され、臨時東京湾守備隊司令部に代わって恒久的な東京湾要塞司令部が設置された。同司令部は東京の第一師団の隷下に置かれたが、昭和十二（一九三七）年十二月に東部防衛司令官の隷下に、十六年四月に東部軍司令官の隷下へと変わった。創設当初、不入斗の要塞砲兵連隊に要塞司令部が設置されたが、明治二十九年に中里の新庁舎に移った。要塞施設は、三浦半島側は先端の城ヶ島から横須賀夏島にかけて、他方、房総半島側は館山須崎から富津岬にかけて、浦賀水道を取り囲むように展開した。

日露戦争後、日本は海軍力において西太平洋で最有力の国家になり、さらに第一次大戦で英米に次ぐ世界第三の海軍国家へと飛躍し、それまでの守勢路線から攻勢路線へと変わっていった。これにともない守勢的な要塞の整理案が提起され、大正八（一九一九）年に「要塞整理要領」が決められた。しかし十二年の関東大震災で崩壊した第三海堡の穴を補うかのように、千代ヶ崎・走水第二・三崎・剣崎・城ヶ島等に新たな砲台が建設され、花立台のように改築された砲台もあった。さらに十一年のワシントン海軍軍縮条約により軍縮の対象になった軍艦の大砲を要塞に設置することになり、千代ヶ崎には戦艦「鹿島」の二門、城ヶ島には戦艦「安芸」の四門が備え付けられ、強化された。こうした新設、改築の砲台があった一方で、夏島・箱崎高低・波島・小原台・観音崎第一・猿島・観音崎第二・同第三などが段階的に廃止された。その結果、観音崎より以北の砲台がなくなり、以南の砲台で東京湾を守ることとなった。

太平洋戦争期になると、空からの侵攻に重点を置くようになった。しかし昭和十七年四月のドゥーリットル空襲を阻止できず、高い防空能力を持っていたとはいいがたい。二十年四月、本土決戦態勢準備の過程で東京湾要塞部隊は東京湾守備兵団に改編され、房総の守備に当ることになり、六月には東京湾兵団へと変わった。これとともに三浦半島の守備は海軍の担当になり、残留していた陸軍部隊を海軍の指揮下に入れて、海岸防御を固めている間に敗戦を迎えた。

第三節　横須賀重砲兵連隊

明治二十八（一八九五）年の豊島《としま》村の記録に、不入斗に関するものが三つある。第一は陸軍が火薬庫の敷地として不入斗の田畑山林を買入れる件、第二は不入斗要塞砲兵営を取り壊し、新設道路を通す豊島村の構想、第三は不入斗要塞砲兵営より横須賀町坂本に軍道を通す件である。

不入斗要塞砲兵営は二十四年に不入斗に建設された新兵舎のことで、要塞砲兵第一連隊所属の各大隊が逐次移転した。右の三つの記録のうち、第一と第三の記録は頷けても、第二の完成間もない兵舎を取り壊して道路を通すなどありえない話である。記録が作成された二十八年には、臨時徒歩砲兵第二連隊が日清戦争の作戦に参加するため出征しているので、兵営の一部が不要になったという状況での構想であろうか。日露戦争開戦とともに、不入斗に駐屯する部隊が観音崎や千代ケ崎等の各砲台の配置についたことで、要塞司令部隷下の各砲台は、不入斗の連隊から砲兵が派出されて戦闘に備える態勢にあったことがわかる。

日露戦争中、不入斗の部隊が野戦砲兵連隊を編成し、第一軍隷下で鴨緑江戦、続いて第三軍隷下で旅順戦に参加し、奉天会戦では第二軍隷下で歴戦の砲兵連隊として名を挙げた。また不入斗では新式兵器を装備した第一・第二機関砲隊が編成され、旅順攻略戦や奉天会戦で活躍した。さらに徒歩砲兵第一連隊が編成され、第三軍隷下で旅順戦に投入され、前述した箱崎高砲台及び米ヶ浜砲台から持ち込んだ二十八センチ榴弾砲を使い、露軍要塞の破壊と露軍撃破に大きな戦果をあげた。

明治四十年、東京湾要塞砲兵連隊は重砲兵第一・第二連隊に改編・改称され、ともに不入斗を駐屯地としたため、両連隊を指揮する重砲兵第一旅団司令部が設置された。大正七（一九一八）年には、野戦重砲兵第一・第二連隊に改称され、翌年に旅団司令部と第二連隊とは静岡県三島に移転し、不入斗には第一連隊が残った。両連隊から各一個中隊を抽出し、瀬戸内海の芸予要塞の二個中隊と合わせて新しい東京湾重砲兵連隊を編成した。翌九年、新設の東京湾重砲兵連隊を横須賀重砲兵連隊と改称し、十一年には野戦重砲兵第一連隊が千葉県国府台《こうのだい》に移転し、残るのは横須賀重砲兵連隊だけになった。

太平洋戦争開戦直前まで変動のなかった横須賀重砲兵連隊は、東京湾要塞司令官の隷下で東京湾要塞重砲兵連隊と横須賀重砲兵連隊補充隊に改編され、第一大隊が三浦半島南部の砲台に、第二大隊が房総半島南部の砲台に配置され、海上・空中からの侵攻に対処することになった。

戦争中、補充隊によって新部隊の編成が進められ、独立重砲兵第二大隊・同第三大隊・同第八大隊・同第九大隊・父島要塞重砲兵連隊・独立臼砲第二中隊・同第十五大隊・噴進砲第二大隊等が編成され、激戦の南方戦線や満洲等に派遣された。

戦争末期の本土決戦準備段階では東京湾要塞第一・第二砲兵隊が編成され、第一が房総半島金谷地区、第二が伊豆半島下田付近にそれぞれ配置されたほか、東京湾要塞重砲兵連隊第一大隊が三浦半島南部に配置についていたが、その後、房総半島南部に移動して本土決戦に備えた。

第四節　陸軍重砲兵学校

横須賀が陸軍要塞の先達であり、機能面及び技術面で牽引的役割を果たし、人材の養成をも行ってきたのは、この地が東京湾防備においてもっとも重要な位置にあり、海軍が創設される以前から陸軍が守備について、沿岸防備の経験を積んできたからである。

重砲には、艦船を砲撃する要塞砲、堅固な陣地を砲撃する攻城砲、野戦における陣地を砲撃する野戦砲などがあるが、横須賀馬堀に設置された重砲兵学校が、要塞砲の要員を育成する目的で設置されたことは述べるまでもあるまい。明治二十二（一八八九）年三月、要塞要員である将校や下士官を養成する要塞砲兵幹部練習所が千葉県国府台の教導団内に創設されたが、四ヶ月後には浦賀の海軍屯営跡に移転した。理由は国府台が手狭であったためといわれるが、松林がどこまでも広がっていた千葉県において手狭という説明は理解しがたい。要塞に近く、要員養成にも都合がよかった横須賀に創設する計画が最初からあったが、創設事務を担当できる機関がなかったため、事務に慣れていた国府台の教導団に任せたのではないかと考えられる。

明治二十九年五月、陸軍要塞砲兵射撃学校と改称され、三十年には馬堀に新校舎が完成し、三十一年春までに移転を終えた。これまでの間に日清戦争があり、幹部練習所から東京湾要塞の配置についた教官のほか、臨時徒歩砲兵第二連隊の要員となって朝鮮半島方面に出征した者もあり、すぐれた射撃能力は高い評価を受けた。要塞砲兵射撃学校となってからは、教育だけでなく、重砲の研究・試験をも担うようになり、研究機関的性格も強めることになった。

日露戦争の際には一時閉校となり、修学中の将校や下士官は原隊に復帰し、また教職員の中には野戦重砲兵隊や徒歩砲兵隊を編成して出征する者もいた。四十一年一月、陸軍重砲兵射撃学校と名を変え、要塞重砲の教育・研究、機械化、さらに要塞防空の高射砲の導入等を扱うことになり、野戦重砲兵の教育や関連研究は千葉県四街道の野戦砲兵射撃学校に移管された。

大正十一（一九二二）年八月に陸軍重砲兵学校と改称され、昭和二十（一九四五）年の解体まで変わらなかった。入校する学生は甲種（砲兵大尉・中尉）・乙種（砲兵中尉・少尉）・丙種（同前）に分かれ、甲種が射撃・戦術、乙種が射撃・砲塔術、丙種が観測・通信・電灯術等を学んだ。大正十一年に調印されたワシントン海軍軍縮条約により廃艦となった戦艦の搭載砲を要塞で使用したことは前述したが、そのための要員訓練を重砲兵学校で行った。海軍が使った大砲を陸軍が使う例はあまり聞いたことがなく、こうした協力関係がもっと育っていれば、その後の歴史は大きく変わっていたにちがいない。

新しい技術が陸軍部隊にも入ってきた時期に当り、要塞にも無線機や電灯用機器が設置されるようになった。昭和になると、海峡通過阻止の一環として潜水艦に対する水中聴音の研究も行われ、重砲兵学校の教育内容にも反映するところがあった。満洲事変以降、大陸で軍事衝突が絶え間なく起り、そのため砲兵将校に対する需要も増え続け、教育期間の短縮、入校学生枠の拡大で対応したほか、昭和八（一九三三）年には下士官候補者隊、十四年に幹部候補生隊、十七年に少年重砲兵生徒隊等が設置された。馬堀だけでは手狭になり、十八年に静岡県に富士分教所・三保分教所を置き、富士では攻城要員、三保では水中聴測要員を教育した。砲の火力が戦況を左右する時代にあっては、重砲兵学校に対する期待は極めて大きく、全国や大陸の部隊から派遣されてくる学生が年々増加した。

現場が求めるのは野戦重砲兵であったが、派遣される学生が増え続けたことは、要塞砲要員教育を看板にしながら、それだけに限らなかったからであり、教育内容が、火砲全般にわたって行われていたことを物語っている。

第五章
海軍軍人のマザーランド

横須賀海兵団　横須賀市自然・人文博物館蔵

第一節　各鎮守府の性格

明治十九（一八八六）年に呉と佐世保に鎮守府の設置が決まり、三年後の二十二年七月に開庁した。舞鶴鎮守府の開庁は日露戦争開戦に近い三十四年十月である。東海鎮守府か横須賀鎮守府の一つしかなかった時代には、「鎮守府条例」の内容が東海鎮守府、あるいは横須賀鎮守府に関するだけのものであったのは当然である。ところが横須賀・呉・佐世保の三鎮守府時代、さらに舞鶴を加えた四鎮守府の時代になると、「条例」は全鎮守府共通になり、それぞれに特異性を持たせるような項目はなかった。

各鎮守府が各鎮守府共通の「条例」に基づく事務をすればよいとなると、どこも同じ金太郎飴になってしまいかねない。無論、鎮守府が設置された地域の性格、地域との関係、地政的事情等があり、そうした諸条件に影響されながら運営されるため、各鎮守府にそれぞれの個性が生まれてくる。ただ海軍の記録の中に、各鎮守府の条件を生かした性格付けを促す方針や政策があったことをうかがわせる記述はなく、各鎮守府の努力や海軍中央が個別に出す指導の積み重ね、個別に行われる事業等によって、それぞれの特色が徐々に形成され、次第に目に見えるようになっていったと考えられる。

例えば佐世保は、中国大陸に一番近いことから日清・日露戦争における出撃拠点になり、その後も大陸で何かあると海軍の窓口として、また派遣軍に対する補給兵站基地にもなった。呉も補給兵站基地、あるいは近くの宇品港とともに陸軍部隊の出撃基地として利用される一方、外海から奥まった位置にある利点を生かし、新型艦船及び砲熕の各種試験が行われ、殊に砲熕開発の中心的役割を担った。のち周辺に石油燃料の備蓄基地や艦船の停泊地も置かれたが、これも外洋から奥まっているため、安全であるという条件が決め手になったとみられる。

明治以来、陸軍の大陸進出政策に協力する海軍の中で、関東に位置する横須賀は日露戦争期まで艦船建造を一身に担ったが、呉や佐世保の建造能力が高まると、相対的に横須賀の比重は小さくなった。艦船が大型化し、保有数が増え、行動が活発化すると、よく教育訓練された士官や下士官兵の増員がどうしても必要になったが、海軍が艦船建造とともに懸命に取組んできたのは、士官や下士官兵に対する教育、わけても艦船の各部署で求められる技能を修得させる術科教育であり、この分野における横須賀の役割が急速に高まった。

海軍将兵には熟達した各種技能の修得が求められる。海軍には「持ち場を守れ」という教えがあるが、軍艦という大きな機械の塊を、各々持ち場（各部署）に配置された将兵が一致協力し、操作して持てる機能を百パーセント引き出し、艦に与えられた任務を達成するのが術科教育の最大の目的である。軍艦の各部署にはそれぞれ必要な技能があり、高いレベルに達した技能を有する士官・下士官兵によって、はじめて軍艦の能力、艦隊の能力、ひいては海軍全体の能力を高めることができるはずであった。それだけに海軍は、術科の修得に対して妥協を許さぬ厳しい姿勢で臨んだ。下士官兵とは、昭和初期の場合、下士官は一～三等兵曹を指し、兵は一～四等兵を指し、両者を併せた総称である。海軍には、士官と下士官の間に兵曹長(上等兵曹)に当る特務士官と准士官が在ったが、詳細は省略する。

また術科教育を通じて、海軍内の用語、動作を共通化し、艦艇の機動、砲熕・機銃の準備、艦艇間通信等の手順を統一して、どの艦艇、戦隊、艦隊も一致して行動できる態勢をつくることが期待された。また科学技術の進歩に伴い、軍艦の機能や性能が高度化するため、術科教育もこれに連動して高度化する必要があり、絶えず教育内容の刷新がはかられた。教育の副産物として、全国から集った方言しか話せない水兵らに標準語を習得させる機会を与え、共通の食事や生活習慣を植え付けることにも大きく貢献した。術科教育による日常会話や生活習慣の標準化は、術科教育が行われた横須賀の言葉や生活習慣が海軍の標準になったことでもある。

なお大正時代に航空機が導入されると、技術開発だけでなく航空隊の編成及び教育訓練も横須賀を中心にして始まった。この問題は第六章で取り上げるので、ここでは横須賀鎮守府内における艦艇中心の術科教育について取り上げる。

第二節　海兵団入隊

各鎮守府の業務は、下士卒（卒は大正九年に兵に改称）の徴募及び募集・教育訓練、治罪（犯罪者取調・処分）、物資の調達と貯蔵、艦船修理、港務、施設管理、鎮守府所属艦艇の管理、望楼による情報収集、医療等きわめて広範囲かつ多岐にわたり、規則上はどの鎮守府にも特化事項がないようにみえる。この中で重要な一つが下士卒の募集・教育訓練であった。

創設当初の海軍は、船乗りでなければ海軍兵になれないとして、漁村育ちの青年で自ら海上勤務を志願する者を徴募する志願兵制を採用した。だがそれだけでは必要員数を満たせないことがわかり、陸軍が主管する徴兵検査による徴兵を分けてもらったので、海軍兵は志願兵制と徴兵制の二つの制度で確保された。もっとも『明治天皇紀』巻八の明治二十六（一八九三）年四月二十一日の記事に

明治二十六年に徴集すべき陸海軍新兵の員数を定め、陸海軍を併せて総数二萬三百九十一

人と為し、内四百五十九人を海軍の員数と為す

とあるように、日清戦争直前の年でも海軍兵になるのは徴兵数の二パーセント強という少ない割合であった。やはり海軍は志願制を徴募の基本政策とし、毎年、各鎮守府管下の海軍志願兵徴募区における採用に力を入れた。

海軍は、我が国の周囲の海面と国土を四つの海軍区（＝徴募区）に分けたが、横須賀鎮守府の徴募区に長野・山梨・群馬・埼玉・栃木の海のない県が五県も含まれているように、徴募区は海に面しているか否かに関係なく設定され、海のない県からでも海軍兵を採用した。海軍発足期の徴募のため、海軍兵は海に慣れ親しんだ者でなければ勤まらないイメージが日本人に染みついてしまったが、実際は違っていたわけである。毎年のように鎮守府の係官が山奥の村にまで出向き、海を見たこともない青少年に海のロマン、勇壮な海軍の活躍を講話するなどして、海軍への志願を誘った。『昭和天皇実録』（昭和六年三月九日）に

午後、侍従武官山内豊中より横須賀鎮守府海軍志願兵徴募区の状況実視のため御差遣の復命受けられる。山内は去月十八日東京を出発、群馬・埼玉・栃木・山形・長野の各県を視察し、今月上旬帰京する。

とある。この年は、主に海のない県における志願兵の徴募に侍従武官が立ち会った。銓衡の際には天皇の使者が必ず立ち会い、いかに海軍が志願兵の採用を重視しているかを国民に印象づ

けようとしていたか推察される。

志願兵制・徴兵制で採用された新兵を教育訓練するのが海兵団であった。海兵団の起源は明治九（一八七六）年に逸見《へみ》に設置された横須賀水兵屯集所にあり、その後、東海水兵本営、横須賀屯営を経て、明治二十二年五月に横須賀海兵団になった。この時制定された「海兵団条例」に基づき、下士卒教育のほか徴募及び予後備兵の召集点呼も海兵団が行うことになった。予後備兵とは、予備役・後備役のことで、昭和初期には現役終了後四年間が予備役、予備役終了後五年間が後備役であった。明治二十九年まで、海兵団は軍港司令官の隷下に置かれたが、軍港司令官の廃止にともない鎮守府司令長官の隷下に入った。

大正六（一九一七）年に横須賀海兵団は逸見から楠ヶ浦（現在の米軍基地内）に移転し、太平洋戦争が終わるまで動かなかった。九年になって、新兵教育を専門に行うために設置されたのが海兵団練習部で、新兵である四等兵に対する教育、特修兵となる下士官兵に特技の教授を行った。徴兵は毎年十二月に入団、志願兵は六月に入団し、どちらも六ヶ月間の新兵教育を受けた。新兵には水兵・機関兵・工作兵・看護兵・主計兵の区分があった。なお各鎮守府で採用された軍楽兵だけは、横須賀海兵団に集められ専門の教育を受けた。

昭和初期の海兵団教育の内容を紹介すると、カッター漕ぎ教練、陸戦教練、手旗信号、銃剣術、甲板掃除、結索、座学（修身・軍事学・国語・算術等）等盛り沢山であった。教育期間中の新兵（四等兵）には階級章がなく、冬の水兵服が黒かったため、いつの頃からか「カラス」と呼ばれるようになったといわれる。横須賀海兵団では、楠ヶ浦の中だけでなく、衣笠登山、久里浜行軍、金沢（文庫）行軍、近海での遊泳練習、辻堂演習など校外実習も組み込まれ、教育修了間際には、相撲大会、銃剣術競技会等のレクリエーションも開催され、六ヶ月間の教育はあっと言う間であった。

卒業後に三等兵に進級し、指定された水兵・飛行兵・整備兵・機関兵・工作兵・軍楽兵・主計兵・看護兵等の兵種に対応する術科学校に進む者、軍艦や地上機関に配属される者などに分かれた。昭和七（一九三二）年に第一次上海事変が勃発した頃から入団枠が広がり、入団者数が増加の一途を辿った。そのため楠ヶ浦だけでは収容困難になり、十六年十一月、武山に横須賀第二海兵団が開設され、従来の海兵団は横須賀第一海兵団に改称された。十九年一月に名称の変更が行われ、第一海兵団は横須賀海兵団、第二海兵団は武山海兵団となった。

本土決戦が近づくにつれて、さらに新兵の増員が進み、十九年九月、横須賀鎮守府の隷下に浜名海兵団が静岡県浜名郡新居に設置された。本土に接近した敵艦の射程内にあった浜名海兵団は艦砲射撃を受け、多くの犠牲者を出している。十月、フィリピン沖海戦で連合艦隊は壊滅的被害を受け、海軍に残された艦船艇はわずかな隻数になったが、にもかかわらず海兵団に入団する新兵はますます増加している。戦後、海外から復員・引揚した人々を収容した施設の多くは広大な敷地に建つ海兵団の宿舎であったが、その圧倒されるほどの規模の大きさから入団者が如何に多かったかを想像させる。

敗戦時における横須賀海兵団の在籍者は一万一千九百四十五人、武山海兵団二万一千八百八十九人、浜名海兵団一万人以上にものぼった。敗戦とともに横須賀市街が急に寂しくなったのは、横須賀及び武山の海兵団の若者が一斉に復員したことと関係がある。

第三節　養成教育と術科教育の違い

海軍の一大特徴として、プロフェッショナルな集団であることが挙げられる。海軍が術科教育を重視せざるをえなかった理由は前述したが、そのため海軍に身を置く者は、退役（正しくは離現役）までにかなりの日数を術科習得のために費やすことになった。

海軍教育の歴史は、概ね海軍教育本部が管轄していた明治三十三（一九〇〇）年五月から大正十二（一九二三）年四月までとそれ以後に二分される。教育本部時代は「養成教育」と「術科教育」の二本立てで行われ、教育本部の廃止後はこの二つに「基礎教育」が加えられた。といっても、明治二十二年以来、各鎮守府海兵団が行ってきた海軍兵として採用された新兵の教育訓練を基礎教育に格上げしたもので、制度上の変更が少しあっただけで、内容に大きな変化があったわけでない。それゆえ養成教育と術科教育の二つを取り上げれば、主要部分を説明するには十分であろう。

養成教育とは、卒業資格がないと任官・進級ができない教育のことで、海軍兵学校・一時期の海軍機関学校・海軍経理学校・海軍軍医学校・海軍大学校等がこれに当たる。教育本部が廃止された大正十二年以降には、航空隊練習部もこれに加えられた。

海軍機関学校が行った機関教育は、本来ならば術科教育に属すべきものだが、軍艦における機関の重要性を考慮して機関将校のための養成教育とした。そうなると下士官兵に対する機関の術科教育はなくてもいいのかという大問題が発生し、将校教育の機関学校が横須賀と江田島の間を行ったり来たりし、他方、下士官兵に対して機関の術科教育を行う同名の機関学校が設置されたり、新たに機関術練習所、工機学校など名称をつくるなど混乱を生じた。

士官・下士官兵に対して行う術科教育は、技術の発達、新式兵器の採用によって要求される技能項目が年々増え、また複雑化したため、科目や実習時間が拡充されていった。明治時代、砲術練習所（のち砲術学校）・水雷術練習所（のち水雷学校）・機関術練習所・航海学校等の術科学校は、大正時代に潜水学校、昭和初期に通信学校を新たに設置し加え、さらに太平洋戦争期に機雷学校・対潜学校・電測学校（のち藤沢）・気象学校・工作学校等が相次いで創設され、またその姉妹校等も次々と誕生した。

教育本部廃止以降、術科教育は鎮守府が管轄することになった。そうなると、術科教育は各鎮守府に少しずつ割り当てられたように思われるが、実際には、潜水学校を除く学校はすべて横須賀に設置された。太平洋戦争期には、大量教育の要求から学校が地方に枝分かれしていったが、戦争が終われば横須賀に戻るはずであった。例外ともいえる潜水学校は、明治三十八（一九〇五）年に最初の第一潜水艇隊が横須賀で編成されたから、術科教育も横須賀で行われる趨勢であった。ところが当時の潜水艇はわずか五十トン足らずで、外洋に近い東京湾口のうねりにも耐えられず、穏やかな海を求めて瀬戸内の呉に行ったきり戻らず、やむなく呉に潜水学校が置かれたのが経緯である。潜水艇がもっと大きければ、横須賀で術科教育も行われたであろうことは疑いない。

術科教育は、十二月に新学期を迎え、翌年の十一月に一年間が終わる課程が多かったから、十一月は各学校の卒業式、終了式が重なり、陸海軍の総覧者である天皇から差遣される侍従武官、大臣や次官をはじめとする列席者は大忙しであった。

横須賀の各種術科学校には、昭和のはじめ、海軍大将であった伏見宮博恭王《ひろやすおう》が天皇から差遣される恒例になっていた。博恭王は昭和七（一九三二）年に軍令部長になり元帥になるが、これ以降も横須賀に差遣されている。昭和七年には、十一月二十九日に砲術学校において連合卒業式が挙行された。

海軍砲術学校・海軍水雷学校・海軍通信学校・海軍工機学校・運用術練習艦春日・横須賀海軍航空隊の連合卒業式を海軍砲術学校において挙行につき、博恭王を同校に差し遣わされる。

（『昭和天皇実録』第六巻）

連合卒業式とは聞き慣れない言葉だが、博恭王のために一つにしたわけではあるまいが、各術科学校が集中している横須賀だからこそできた方法である。固定された順番はなかったらしく、五年には工機学校、六年には水雷学校、八年には砲術学校で行われ、持ち回りで会場の設定、式の進行を担当した。こうした例を見るまでもなく、横須賀における各種術科教育は横の連繋を保ちつつ、時には競争したり協力したりしながら教育内容の充実、発展につとめていった。

このように海軍の術科教育の大部分が横須賀で行われ、横須賀鎮守府はいわば海軍教育のキャンパスであったのである。前述のように、海軍が各鎮守府に特徴付けや役割を指定する政策を持っていたことを示す記録がなく、たまたまの偶然であったという見方もできないわけではない。しかしこれだけ術科学校が集中し、長い間、よそにも行かず置かれていた事実は、海軍中央に横須賀に術科教育の中心を置く方針があり、それには横須賀に各術科学校を置かねばならない理由があったからではないかと考えられる。

外国との対抗関係、競争関係に注意を払い、自国を不利な状況に置かないのが軍・軍人の一つの使命だが、自国に少しでも劣勢な分野があれば懸命に追いつこうとし、対等であれば少しでも優位に立とうと努力する。これが終わりのない軍備競争の原因で、世界中の軍隊が制度や組織、武器や動作にも大差がないのは、軍備競争が残した思わぬ産物といえようか。明治時代になってから大急ぎで近代化に取組んだ日本は、外国人技術者を招き、留学生を外国に送り、懸命に追いつこうとつとめた。しかし時代が下るにつれて、外国人技術者や留学生に代わって外国の資料や文献に依存する割合が高くなった。

海軍における外国語の文献の収集と翻訳に当たったのは海軍省海軍文庫だが、明治時代、同文庫は帝国図書館・東京帝国大学付属図書館とともに日本三大図書館の一つといわれ、海軍文庫が洋書の蔵書数で日本一を誇ったのは、海軍が諸外国に追いつこうと努力する明治期日本の先頭に立っていたからであろう。教育現場では海軍文庫が発行する翻訳資料が最大限に利用され、その点で横須賀は、資料の閲覧調査、教育本部・海軍大学校との往来にとっても至便の位置にあり、専門家から直接指導を受け、教育用資料の作製、教育内容の点検、最新情報の入手がしやすかったことは容易に想像がつく。

海軍教育といえば、すぐに江田島の海軍兵学校が連想されるが、兵学校は将来の海軍士官に対する基礎教育の場であり、必ずしも諸外国の最新情報、最先端の軍事技術を教育に反映させる必要性はなかった。それでも東京築地から広島の江田島に移転したあとの十数年間、あまりの不便のため教育環境に不向きだという声が絶えなかった。これに対して術科教育では、最先端の軍事技術を反映した教育が要求され、また諸外国の動向にも無関心ではいられなかったから、最新の資料と情報の収集と翻訳、分析と教材の作製を行う上で、東京に近い横須賀は必要な諸条件をすべて具備していると考えられたのであろう。

第四節　海軍軍人は一度は横須賀で学ぶ

海軍が横須賀を術科教育のキャンパスとした一因は、右に述べたように、外国海軍の資料やテキストを収集し、諸外国の動向に関する情報に接し、それらを教育に反映させることができる環境にあったことである。まさに文明開化の時代ならではの理由であった。

最新情報に裏付けられた術科教育を受けるため、毎年全国の海軍機関や艦船から士官・下士官兵が横須賀に派遣され、半年、一年の課程を受け、それが修了すると元の部隊や新たな異動先へと散っていった。今風の言い方をすれば、横須賀鎮守府は海軍最大の教育装置であり、海軍軍人が一度は学ぶ場として横須賀に集合し、課程修了後は、培った専門的技能をひっさげてそれぞれの任地に散じていった場として、海軍の「マザーランド」と呼ぶにふさわしかった。その中には、黌舎や工機学校で高い造船・機関技術を身につけた工員と同じように、術科教育を受けたのち海軍を去って民間に移り、技術を広めた者も少なからずいて、海軍の術科教育が結果的に日本全体の技術力を高める役割を果たしたことも否定できない。

海軍の創世期という紆余曲折が避けられない時代においても、諸外国の変化にすばやく対応する「軍」の本能的性格とも相俟って、横須賀における海軍の教育機関と教育内容とは絶えず刷新された。大正時代の第一次世界大戦の頃から、科学技術の急速な進歩が兵器の発達を加速させる格好になり、日々変わる科学技術と兵器の進歩に術科教育を合わせていくと、毎年のように教育内容の改訂が必要になるとともに、教育機関の改廃及び教育制度の変更も毎年議論されるようになった。こうした問題も含めて、各術科教育のあらましと変遷をたどってみたい。

技手教育

制度は養成教育に属すが、内容は術科教育的であるのが技手《ぎて》教育で、横須賀造船所及び同海軍工廠で行われた技術者養成教育である。まだ学校制度が整わないため、造船所は自前で技術者の養成をしなければならなかった。その最初が、明治三（一八七〇）年、横須賀造船所が幹部技術者である技手の養成を目的として設立した黌舎《こうしや》で、教員の当てもないため、御雇いフランス人に頼んで、余暇の間に仏語、算術、図学等の教授をしてもらうところから始められた。

九年七月に学則を改正し、工夫の中から選抜した生徒を予科三年・本科三年に分け、本科の学科は幾何学・微分積分学・器械理学・製図学・造船学等十七科目に及んだといわれるから、体系的カリキュラムに仕立てられていたことがわかる。しかし生徒や修業職工の高い能力を見込まれ、外部から高額の給料で誘われ、海軍以外へ就職する者が続出したため、海軍は修了後十二年という長い就業義務年限を設けて規制した。海軍造船所で育てられた生徒や職工は、民間の会社にとっては大金を積んでも惜しくない人材であり、次々と引き抜いていく状況に対して海軍の打った対抗策が義務年限の設定であった。

黌舎ではより高度な教育に限界があったため、明治十年頃から優秀な本科生をフランスに留学させたり、後には帝国大学に依託するようになった。二十二年、黌舎を海軍造船工学校と改称し、横須賀鎮守府造船部の所管にした。造船所所属の黌舎から鎮守府所管の造船工学校への変更により、教育内容の改訂よりも年齢制限や品行を問う制限に重点が置かれるようになった。工夫から技工に進む者に対する教育を目的としたが、卒業後六年以上海軍に勤める義務が明記されているところをみると、依然として外部に就職する者が跡を絶たなかったことをうかがわせる。黌舎時代から義務年限があったが、罰則規定がなかったため実効性がなく、無視する者が跡を絶たなかった。とはいえ規定を廃止するわけにはいかなかったのだろう。

明治二十六年十一月、海軍機関学校条例の公布とともに、付属する海軍技手練習所が設置され、造船工学校は廃止された。これまで暗に造船技師の養成を目指してきたが、この時から艦船の建造と運用に必要な造船・造機・造兵の三つの分野の技術者養成を目的とするに至った。三十年に技手練習所が廃止され、横須賀造船廠に新たに海軍造船工練習所が設置され、造船・造機の職工から試験で生徒を選抜し、技手の資格を付与する教育を行った。同練習所の規定では、卒業後の義務年限が十年に延長されたが、裏を返せば六年ぐらいでは効果が薄く、実効性を高めるため十年にしたということであろう。同練習所も四十年三月末に廃止され、在学中の二、三学年生に卒業證書を授与し、元の所属に復帰させたが、廃止の理由は不明である。

大正八（一九一九）年に至って横須賀海軍工廠長の下に海軍技手養成所が設立され、造船科と造機科を置き、修学年限を三年とした。職工を練習工と呼び、再教育して海軍技手の資格を付与する目的は変わらず、卒業後十年間海軍に勤務することも造船工練習所と同じであった。しかし関東大震災により罹災したため、昭和三（一九二八）年四月に呉に移転し、その後に造兵科が増置された。

海軍機関学校

海軍教育の中で、機関教育ほど混迷を重ねたものはない。理由は二つあり、一つは兵科将校に準ずる機関科将校を設けたために、機関科将校を目指す養成教育を行わなければならなかったこと、もう一つは機関の専門性を重視し、士官・下士卒を問わず術科教育として学ぶ必要があったこと、の二つであり、両者を調整する明確な方針と制度が最後まで立てられなかった。

下士卒に対する術科教育としての機関教育は、見方によっては機関科将校の養成教育以上に重要であったが、機関科将校に進む養成教育の機関学校しかないとなると、下士卒が機関の術科教育を受ける場がなくなってしまう重大な事態が生じる恐れがあった。このため機関教育が養成教育と術科教育の二つに跨る矛盾を解決しなければ、教育現場の混乱はいつまでも続くことになりかねなかった。

このほか将校間における兵科将校の機関科将校に対する差別意識があり、将校と呼ばれながら、兵科将校の前ではあたかも下士官並に扱われる屈辱を機関科将校は幾度も味わわされた。機関教育問題は、長い帆船時代に船上における地位が確立された歴史を有する兵科将校に対して、十九世紀後半に出現した蒸気船の時代に生まれた機関に携わる将校は、当然ながら新参者として艦内での立ち位置がなかなか確定できない世界史的課題でもあった。

新興の明治海軍にはこうした歴史はなかったはずだが、当初からこの問題に悩まされた。毎

海軍機関学校　横須賀市自然・人文博物館蔵

年教育内容を見直す過程で、機関科を一特科として専修すべきという主張が強く、明治六（一八七三）年、東京築地の海軍兵学寮に機関科を置くことが決まった。とはいえ、機関官は将校ではなく将校相当官と規定された結果、明治三十二年三月の「軍令承行に関する件」で規定される「軍令承行令」を待つまでもなく、指揮権がなく、昇進できる階級及び就任できるポストも著しく制約を受ける継子扱いを余儀なくされた。これでは兵科将校と機関科将校との仲がしっくりいかないのも当然で、これによる軋轢を「海軍機関科問題」と呼んだ。

明治七年、兵学寮の機関科生徒を横須賀造船所で実習させることになり、所内に兵学寮分校を置き、生徒を半年から一年間修業させた。九年に兵学寮が兵学校に変わると、分校を兵学校付属機関学校に改称、十四年七月には兵学校から独立して海軍機関学校となった。

そのため、機関師・機関手となる下士卒に対する術科の機関教育をどこで行うかの問題が生じ、やむなく養成教育を行う機関学校において、下士卒に対する術科教育も合わせ行うことになった。ところが兵学校で機関学を修めた兵科将校であれば、機関部員を指揮監督できるという都合のよい論が海軍部内に起こり、二十年に兵学校内にそのための学舎を設置し、横須賀の機関学校を廃止することにした。このため機関学校生徒は兵学校に移らざるをえなくなり、二度目の将校科・機関科の併置になった。

明治二十一（一八八八）年八月、兵学校が東京築地から広島県江田島に移ったことにより、横須賀造船所での実習ができなくなった。呉鎮守府が活動をはじめるのは二十二年であり、艦船が接岸できる施設も建設途上にあり、艦船を使って実習できるようになるには早くて数年先になりそうであった。呉にもっとも近い造船所は、今日の神戸にあった小野浜造船所しかなかった。機関科生徒にとって江田島での生活は、相当に居心地の悪いものでもあったが、それと関係なく、艦船実習ができないことを理由に、二十六年十一月、再び機関科生徒を横須賀に移し、横須賀に海軍機関学校を再興することになった。

ところが二十一年に機関科将校教育を江田島に移した際、下士官兵に対する機関教育を行う術科学校としての海軍機関学校を横須賀に設置していた。再び機関科生徒が横須賀に戻り、彼らのために海軍機関学校を再興すると、既存の海軍機関学校と二つの同名校ができることになる。当然のように将校教育が優先され、下士卒の海軍機関学校を改編することになった。下士官兵の海軍機関学校は、やむなくその看板を降ろして機関工練習所と改称するだけでなく、機関工練習所は、技手練習所とともに将来の機関科将校を育成する海軍機関学校の付属になったのである。

明治三十年、機関工練習所が廃止され、新たに機関術練習所が設立された。設置目的が機関科将校・下士官兵に対する機関技術・工芸の研究錬磨等を行うとあるので、機関科将校に対する機関の術科教育も担当することになったことがわかる。これにより機関科将校の養成教育は海軍機関学校が、機関科将校・下士官兵に対する術科教育は機関術練習所がそれぞれ担当し、機関科将校の養成教育と術科教育の混乱をどうにか解決したようにみえる。

三十三年五月、海軍教育本部の設置に伴い、海軍機関術練習所を横須賀鎮守府長官から海軍教育本部長の隷下に移した。四十年に機関術練習所は海軍工機学校に名を変え、機関術に関する術科学校になった。大正三（一九一四）年四月、海軍工機学校は廃止になり、術科教育は海軍機関学校練習科に移管されたが、大正十二年の関東大震災の際、学校施設も罹災し、横須賀鎮守府の負担を軽減するため機関学校は舞鶴に移転した。しかし舞鶴でも実習面の不便があったらしく、術科教育を機関学校練習科から切り離し、横須賀に戻して海軍工機学校を再興して続けられた。

太平洋戦争の開戦まで舞鶴の海軍機関学校は、機関科将校の育成を目指した教育を続けた。だが海戦を何度も経験する過程で、兵科将校と機関科将校を区別する弊害が理解され、昭和十九（一九四四）年になって、ようやく両者の区別を廃止して「将校」とする兵科・機関科一系化が断行され、江田島の兵科教育と舞鶴の機関科教育の区別が廃止されたが、遅きに失した改革であったことは明らかである。

兵科・機関科の区別廃止とともに舞鶴の海軍機関学校が廃止され、海軍兵学校舞鶴分校となった。しかし元機関科将校たちには機関学校に消しがたい愛着があったのか、海軍工機学校を横須賀機関学校に改め、大楠にあった分校を大楠海軍機関学校に改称している。なお大楠学校では内火機関・電力機関・補助機械に関する研究実験・教育を、横須賀学校ではこれ以外の研究実験・教育を行うことと定められた。

こうしてみると、「海軍機関科問題」は術科教育に原因があるのではなく、将校を兵科と機関科に分けたために必要になった機関科将校の養成教育を、術科教育と抱き合わせにしたり、兵科将校の養成教育と一緒にしたり、独立した養成教育にしたりと迷走を繰り返したことに主な原因があったことが明らかである。

海軍砲術学校

明治七（一八七四）年の台湾遠征は、米国から購入した二隻の中古商船に大砲を一門ずつ乗せただけの船を先頭にして行われたが、清国はこれに対抗できなかった。この頃の軍艦と商船の違いは構造の問題というより、大砲を搭載しているか否かの違いであった。まさに大砲こそ軍艦のシンボルであったわけで、海軍軍人であれば、砲術を学ぶことが最低限の「たしなみ」であったといっても差支えない。

砲術教育の起源は変わっている。明治十一年、英国から「扶桑」「比叡」「金剛」を相継いで購入したが、三艦の搭載砲は英国製でなく、ドイツのクルップ砲であった。英国砲は不便な前装砲であったのに対して、クルップ砲は扱いやすい後装砲であったのが理由である。海軍は独人エレルトを雇用し、三艦の士官・下士卒に対しクルップ砲の操作を伝習させ、大きな成果を収めた。これを契機に東海鎮守府隷下の「浅間」を航海練習艦と定め、十四年から士官・下士卒に対する操砲練習を開始した。なお「浅間」の停泊地は横須賀であったから、砲術訓練も横須賀で行われたことはいうまでもない。

明治十五年九月、「海軍操砲程式」を定め、「浅間」艦に付属する「鳳翔」を使用して東京越中島で野砲射撃、千葉県館山沖で艦砲射撃を行った。この頃、山本権兵衛が、砲術教授、「浅間」副艦長をつとめている。十九年に砲術教程を甲・乙二種に分け、甲種は尉官つまり将校、乙種は兵曹長及び水兵つまり下士卒を対象にした。二十二年に砲術練習艦の目的を尉官・上等兵曹・

商船学校生徒に対する砲術の教授、掌砲兵となるべき兵曹・水兵に対する教育と定め、兵曹・水兵を練習生と呼ぶことにした。下士卒を掌砲兵に制限したのは、増加する一方の派遣人数に対して、二隻の練習艦では対応できなかったためと推測される。

明治二十三年、「浅間」が老朽化したため、代わりに「龍驤」を砲術練習艦とした。「龍驤」も老朽化が進むと、二十六年に砲術練習艦から除外し、新たに横須賀鎮守府司令長官の下に海軍砲術練習所を置いた。名称から考えておそらく陸上の施設を使って訓練をはじめたということだろう。

当時の鎮守府司令長官は井上良馨《よしか》で、砲術練習所長になったのは日高壮之丞《そうのじょう》であった。教育を受ける者に、海軍大学校将校科卒業生も加えられた。下士卒の練習生には、卒業後五年間の勤務が義務化されたが、技術を持つ機関学校や工機学校の卒業者であれば当然としても、砲術学校卒業者にまで引き抜きの手が伸びていたことを暗示している。機関学校や砲術学校の卒業者に限らず、海軍兵をつとめた者であれば相当の技術力、社会的対応力を持っていると評価され、民間から誘われる対象にされたものと思われる。海軍はもっとも早く技術面で近代化を果たした集団だが、途中で転職する者が少なくなかったことは、民間が力をつけることにつながるだけに、痛しかゆしといったところであったろう。

近代日本の国是は「富国強兵」と呼ばれたが、「富国」と共に「強兵」にも努める意だが、実際には「強兵」に重点が置かれ、「富国」は後回しになった。しかし海軍が育てた技術者や下士卒が、技術を民間で生かして産業の近代化に貢献した構図をみると、「強兵富国」と呼ぶのが実態に即しているのではなかろうか。日本では、こうした転職者を道徳心・愛国心の面から許せないという意見が多いが、官だけでなく民も国の重要な構成者であることが失念されている。

日清戦争後、陸上施設と練習艦を船渠に近い小海《こうみ》に集めた。三十年九月、海軍大学校条例の改定に伴い、砲術練習所学生に佐官が加えられた。佐官になっても砲術の教育を受けるのは、砲熕類の進歩と変化が著しく、尉官時代に受けた教育が時代遅れになってしまう実情を考慮したものと考えられる。

明治三十三年、海軍中央に教育本部が設置されると、砲術教育と後述する水雷教育が横須賀鎮守府から教育本部の所管に変わった。これに合わせ、砲術練習所も小海から田浦に移り、「龍驤」「海鏡」を陸岸に繋留して練習所とした。新設の教育本部が砲術教育を担うことで組織の強化を図ったと推測されるが、横須賀鎮守府側にすれば、訓練に使う「龍驤」「海鏡」の修理や保全、砲弾の提供だけでなく、実射の際の監視や助手の配置まで鎮守府に仰ぐ状況にありながら、砲術教育だけを取り上げられるのは面白くなかったにちがいない。教育本部が、なぜ砲術・水雷教育だけを横須賀鎮守府から取り上げたのか、それ以外の教育を指揮下に入れなかったのは何故か、不明な点が多い。

明治三十四(一九〇一)年に「扶桑」を練習所附属艦とし、艦砲射撃の実施海面として千葉県館山湾のほかに三重県伊勢湾も加えた。三十六年一月、対露戦争が予想される情勢になると、「赤城」を練習艦に加えて実射経験者を増やす処置がとられた。

日露戦争後の三十九年、練習所を新築の陸上庁舎に移す一方、練習艦「龍驤」「海鏡」を廃止し、四十年四月、砲術練習所を海軍砲術学校に改めた。士官以上を学生、下士卒を練習生とし、さらに学生は普通科・高等科・特修科の三種、練習生は普通科と高等科の二種に区別された。普通科学生は中尉クラス、高等科学生は海軍大学校乙種卒業尉官であったが、特修科学生には、特に砲術を学ぶ必要のある佐尉官のほかに兵曹長・上等兵も加えられている。ド級戦艦、超ド級戦艦が登場し、列強間の大艦巨砲をめぐる競争がはじまった時期であり、日本海軍も呼ばれたわけではないが、この競争の中に飛び込んだ。大砲の大型化と砲弾の威力強化をめぐる競争は、直ちに砲術教育にも反映し、毎年教育内容の検討が行われた。

砲術学校普通科・高等科に進むことは、海軍士官のエリートコースに乗ることを意味し、卒業後、やがて巡洋艦の砲術長、戦艦の副砲長になり、ついで艦長・戦隊司令官・艦隊司令官へと昇進し、海軍をになうエース的人材になっていくことが期待された。下士卒の卒業生は、任地に戻れば砲術の専門家として一目置かれる存在になり、各艦の射撃成績は彼の判断力に多くを負うことになった。

砲術学校で学ぶ尉官も下士卒も、おおむね二十代半ばで、ほとんどが独身であった。給料のすべてを小遣いとして使っても誰からも文句を言われない横須賀での生活は、生涯でもっとも伸びやかに優雅に暮らせた一時であったにちがいない。よく学びよく遊ぶ、しかも若さに満ち溢れ、失敗しても許される人生の中で最高の時代であり、その思い出は横須賀の街と重なっていたはずである。横須賀で学んだことより、遊んだことをよく覚えているのも若さゆえである。

大正十二（一九二三）年に教育本部が廃止されると、砲術学校も横須賀鎮守府に戻された。昭和二（一九二七）年、普通科学生が廃止になり、初級将校は術科講習の形で砲術教育を受けることになった。十六年六月、千葉県館山に館山海軍砲術学校が新設され、従来の学校は横須賀海軍砲術学校に改められた。横須賀砲術学校は、海上砲術、艦船の砲術、測的、射撃等と体育の研究を主担任とし、館山砲術学校は陸上砲術、陸上砲台の砲術等を担当することになった。対米戦に備えた処置であり、百発百中の大砲の威力で勝利を目指す海軍の意志の表われでもあった。

戦況が悪化した昭和十八年四月、予備学生及び予備生徒を教育するため、横須賀砲術学校は長井に分校を開設した。ついで京都府栗田にも栗田分校を設置して練習生教育を行った。敗色濃厚となった二十年四月、館山砲術学校を廃止して横須賀砲術学校館山分校に改め、予備学生

海軍水雷学校　横須賀市自然・人文博物館蔵

の教育を続けた。

水雷教育とその一部であった通信教育

水雷学校は水雷術の習得を目的としたが、軍艦が搭載する大砲以外の兵器の操作法について学ぶ教育機関であったといった方がわかりやすい。大砲以外の兵器とは機雷・魚雷、爆雷といった水雷兵器を指すが、登場して日が浅く、それだけに科学技術の発展との関係が密接で、新しい技術が導入される余地が大きく、新技術に伴う変化は教育内容にも現れた。たとえば水雷兵器に電気回路が内蔵されるようになると、基礎的な電気工学が必須化された。水雷兵器が電気を扱うことから、艦内の発電、電気配線、照明、有線電話、モーターを使う各種機器等の運用や修理が水雷術の一環になり、さらには日露戦争直前から配備が始まった無線通信機器も加えられた。このため電気一般、無線通信も水雷学校の担当になった。

日清戦争の際、威海衛に潜む「定遠」「鎮遠」を主力とする北洋艦隊を、わずか五十トン足らずの水雷艇が魚雷攻撃だけで壊滅させ、予想もしなかった大戦果に各国海軍が震撼した。魚雷が史上はじめて本格的に使用された作戦であり、水雷艇でも魚雷を使えば戦艦を屠れることが実証されたのである。続く日露戦争開戦の直後に、旅順港をめぐる連合艦隊とロシアの極東艦隊との攻防戦において、両軍が機雷を敷設し、双方に大きな被害を出したが、これも機雷が本格的に戦場に投入された史上最初の戦例になった。

列強よりずっと遅れて近代海軍を創設した日本であったが、魚雷や機雷を使う水雷戦闘では世界に先駆けて大きな成果を挙げ、この分野で日本海軍は世界の最先端を走ることになった。それでも列強の動きを盗み見し、列強を追随する姿勢に変わりがなかったのは、自分の戦果に自信が持てない後発国家の宿命なのかもしれない。大砲を載せる軍艦は発射の反動に耐えられる大きさが必要になるため、大砲を大型化すると、それにつれて軍艦も大型化しなければならなくなり、大艦巨砲路線は軍事予算が際限なく膨張する要因になった。一方、魚雷は自分の動力で航走するから、理論上は魚雷を積めるなら、どんなに小さな船からでも発射できる。また機雷も、海底のアンカーに繋がれて海中に浮かび、やってくる敵艦を待ち受ける兵器だから、大きな船を必要としない。日本のような近代化に着手したばかりで、欧米諸国に比べて遙かに貧しい国にとって、魚雷や機雷は国家財政にやさしい兵器であった。

だが魚雷及び機雷の威力が証明されたにもかかわらず、世界の海軍に大艦巨砲から小艦・水雷兵器へと舵を切る現象は起きなかった。十九世紀末といえば帝国主義時代の真っ最中で、列強は砲艦外交によって自国権益の拡張をはかっていた時代で、一見強そうな軍艦を並べて弱小国を脅すのを常套手段にしていた。幾ら威力があっても、魚雷を積んだ小型艦では存在感がなさ過ぎるため、いずれの列強も口径の大きな大砲を積み、不必要なほど大きく見せる大型艦の建造に熱心に取組んだ。無理な背伸びをしてまで強く見せようと懸命であった日本には、列強が歯牙にもかけない水雷兵器を積んだ小型艦で海軍を固める勇気はなかった。

魚雷戦及び機雷戦を経験した世界唯一の日本が、水雷術の分野で先進国になったのは間違いない。術科教育の系譜を辿ると、明治元（一八六八）年の水雷術練習掛を起源とし、水雷練習所、水雷術練習所などを経て、明治四十年に長浦に海軍水雷学校が成立した。教育本部の発足とともに、砲術学校と同様にその管轄となり、同本部の廃止後、横須賀鎮守府に戻されたのも同じである。修了後、士官ならば大型艦水雷長、駆逐艦長、潜水艦長などを経て水雷戦隊司令官、戦隊司令官等へと進んだ。砲術学校出身者に比べ少ないが、連合艦隊司令長官や軍令部長になる者も出た。

日露戦争ではじめて使われた無線通信や艦艇の電気関係に関する教育についてみると、

二十三年、水雷学校の前身である水雷術練習所で行われた水雷練習工と機関科士官の学生に対する電気学の教育が最初であった。三十三年に無線電信の教程を加え、翌年から中・少尉及び掌水雷兵に無線電信術の実習が開始された。四十年に水雷術練習所が水雷学校に変わり、通信術練習生、高等科・普通科の電機練習生を置き、電気機器に関する教育を受ける専門的士官や下士官の養成に力を入れ始めた。通信教育が水雷学校を離れ、海軍通信学校として田浦に独立したのは昭和五（一九三〇）年六月である。

水雷教育から分離した通信教育が、司令部と艦船間、各艦船間の円滑な通信能力の修得を目的としていたことは容易に想像できる。ところが昭和になって航空機が進歩し、航空部隊の活動が盛んになるにしたがって航空通信の重要性がとみに高まった。昭和十五年、通信学校に新たに兵器班が設置され、航空機の電信を扱う航空無線班と艦艇の電信を扱う一般無線班の二つに区分された。水雷学校を離れて通信学校が独立したとはいえ、艦船艇の通信に重点を置く路線に変わりはなく、航空通信の教育を行うことは新しい試みに近かった。太平洋戦争の諸戦闘において、航空機と地上軍間、航空機と航空機間の無線通話が満足にできなかった著しい航空通信の立遅れは、艦艇通信に重点を置き過ぎたことに一因があった。

太平洋戦争開戦後、日本は大急ぎでレーダーの開発に着手し、十七年頃から少しずつ艦船への搭載が進められた。それに合わせて急がれたレーダー教育を担当したのが通信学校である。

艦船から地上の高角砲部隊までレーダーを配備するとなると、操作する要員も相当な数になる。そのため田浦の通信学校では手狭であるため、十九年六月、小田急線長後駅近くに通信学校藤沢分校を開設したが、まもなく独立して海軍電測学校となった。理工系的人材の不足のため、入校したのは帝大や私大の法学部・経済学部、果ては文学部の学生が大半を占め、受信機・送信機・測波器をつないで調整する訓練を行ったが、うまく出来る者は少なかった。文科系の人材に問題があったのではなく、送られてくる器材の欠陥が主な原因であった。

水雷学校では、機関術・砲術以外の術科教育を何でも背負い込んできた感がある。二十世紀近くになって本格的に使われはじめた水雷兵器は伸びしろが広く、それだけに新たな術科教育が生まれる可能性が大きかった。さいわい水雷学校には新しいものを受け止める寛大さがあり、たとえば作戦上、敵が敷設した機雷を除去する掃海作業の重要性が認識されると、以前からあった機雷敷設教育に加えて掃海術教育が同時に行われる珍現象が生じた。また潜水艦の活動を封ずる爆雷投下の教育も早くから行われたが、爆雷投下には潜水艦を聴音により探知する水中測的が欠かせないことが認識されると、聴音教育も同時に始めている。

太平洋戦争三年目の昭和十八年夏、米海軍がガトー級潜水艦を太平洋に配備すると、撃沈される輸送船が急増し、喫緊の対策が必要になった。十九年三月、海軍機雷学校を海軍対潜学校と改め、対潜術や機雷術の教育に本腰を入れたが、すでに時期を失していたため、学生を一回採用しただけで、二十年七月に水雷学校久里浜分校に戻っている。

こうしてみると水雷学校は、新兵器の出現や戦術の変化に伴って必要になった新しい分野の術科教育を担ってきたことがわかる。

水雷学校における術科教育の動向を見れば、日本海軍が取組んでいる新しい課題が見えてくるといっても過言でない。太平洋戦争直前から戦争中にかけて、水雷学校を起源に海軍通信学校、機雷学校（のち対潜学校）、電測学校が登場したが、いずれも戦場からの喫緊の要請に基づいており、水雷術といいながら実は水雷兵器を超えた最新の兵器と戦術を追求するのが水雷教育であったということができよう。

このように海軍軍人のプロフェッショナリズムの進展、科学技術の進歩に伴う新分野の導入とこれに伴う新しい教育課程の設置、諸列強の動向に対応する教育内容の改革等の要請を前にして、横須賀鎮守府は、水雷教育を中心に教育施設の拡充、新科目の教育プログラムの作成、教材編修と教官養成等につとめてきた。しかし大戦における科学技術の研究開発が国家事業として行われた世界の趨勢に反して、現場である鎮守府の機関に研究開発や教育をまかせたため、どうしても大砲や魚雷の破壊力の強化や射程の延伸化に努力が集中し、無線や電気機器の開発や改良はあと回しになる傾向があった。それでも世界に認められた日本海軍の兵器運用能力、士官及び下士官の高い専門的能力は、横須賀での術科教育によって多くが育まれたといっても大過ない。

第六章

海軍航空隊と海軍航空技術廠

海軍航空廠庁舎　横須賀市蔵

第一節　モータリゼーションのなかった日本

二十世紀前半における先進国とは、内燃機関を生産できる精密機械工業を有する国家であったと規定するのは、言い過ぎだろうか。外燃機関である蒸気機関の分野で先進国に追い付いたはずの日本は、内燃機関に変わると、再び大きく引き離された。海軍における外燃機関から内燃機関への転換は、軍艦から飛行機・潜水艦への転換を意味したが、大艦隊の存在が内燃機関への転換の立ち遅れを忘れさせてくれたのであろう。日本人の中で、外燃機関から内燃機関への転換の意味に気付いた人は少なかった。

外燃機関が職人芸に頼る一品生産的方式で生産されたのに対して、内燃機関は精密機械加工と生産ラインによる均質大量生産方式が特徴であった。軍艦はドックの周囲にある工場で九割以上のものが製造され、外部に製造を発注することは稀であった。工廠だけで製造できたのは、一点限りの生産で、部位・部品の種類や数が少なかったからでもある。横須賀工廠や呉工廠で航空機の開発が行われたが、一機限りの製作で、部品数が少ない最初期の航空機だから工廠でも可能であった。だが内燃機関の場合、性能の向上を目指すため、新しい機構と部品の製造精度を高めると、部品数も可及的に増えるため、海軍工廠での製作はなじまず、たちまら難題に直面することになった。

日本が日露戦争の勝利に酔いしれている頃、世界は大きく変わりつつあった。英独の建艦競争が熾烈を極め、戦艦が国力の象徴と考えられた時代はまだ続いていたが、他方で急速に内燃機関の普及が進んでいた。内燃機関を動力とするトラクター等農業機器やトラック・乗用車が流通革命を招来し、道路網の整備と相俟って都市郊外へ生活圏を拡大させた。アメリカでは一九一〇年前後にモータリゼーションが訪れ、ヨーロッパでは二〇年代に訪れた。

モータリゼーションの成立と歩調を合わせて機械工業が急速に発展し、マザーマシーンと呼ばれる精密工作機械に対する需要が高まり、内燃機関の急速な発達を支えた。ライト兄弟が世界ではじめて動力飛行に成功したのは、日露戦争開戦の前年である一九〇三（明治三十六）年だが、成功を支えたのは内燃機関の成長を牽引しつつあった自動車エンジンの発達であった。

横須賀での自動車使用は潜水艦の配備より遅かった。大正十四（一九二五）年六月、横須賀鎮守府が保有する自動車は、乗用車十七、トラック四、消防車四のあわせて二十五台で、県内ではもっとも多い機関の一つであったとみられる。乗用車は長官ら鎮守府の枢要な人物の送迎用で、一般業務に使われることは少なかった。同じ年、日本フォードが横浜の子安にノックダ

三浦郡内貨物輸送用車両数の推移

年	荷馬車	牛車	荷車	トラック
昭和元	444	634	3,361	47
2	419	770	3,583	62
3	382	814	4,011	76
4	336	877	3,985	96
5	293	919	3,946	114

（『新横須賀市史』通史編　近現代）

ウンによる自動車製造工場を完成し、昭和二（一九二七）年には米ゼネラル・モーターズが大阪に工場を開設したことから、大正末・昭和初めが、我が国における自動車普及の第一歩と見ることができよう。

日清・日露戦争に勝ち、第一次大戦の勝者である連合国の一員になり、大国の仲間入りを自負していても、内燃機関の分野ではほとんど後進国の一員であった。昭和初めの日本の道路の往来を眺めると、馬車、牛車、大八車ばかりで、自動車の普及は著しく遅れ、道路も江戸時代と幾らも変わっていなかった。横須賀も含まれる三浦郡の貨物車両の資料があるので参照すると、ようやく乗用車、トラックが走り始めたばかりで、相変わらず馬車、牛車、荷車（大八車）が主役であったことがよくわかる。多くの住民が、一度も自動車を見掛けない日が多かったに違いない。

こうしたデータが意味するのは、大正・昭和前半の日本では、内燃機関で走る自動車が社会に普及せず、したがって自動車を製造する機械工業、ことに自動車製造と密接な関係にあった精密機械工業の発展が著しく立ち遅れていたことである。自動車、トラクター、土木機械、さらに航空機に搭載された内燃機関は、部品の種類や使用数が多い上に、加工に高い精度が要求された。一つの工場では数百種、数千種もの部品を製造できないから、特殊な工作機械を持ち、高い専門性を持つ何百という中小企業の協力が不可欠であった。部品工場から多種多様な部品を調達し組立てるのが内燃機関の生産方法で、効率的生産ラインの整備が新たな課題になった。

内燃機関の生産のためには、組立工場を中心に郊外、地方へと部品工場が放射状に広がり、部品が中心の組立工場へと流れる体制が形成されねばならない。部品の円滑な納入を可能にしたのがトラック輸送であり、整備された道路網であった。日本のような馬車や大八車に頼り、道路も狭く未舗装の国情では、内燃機関の生産に必要とされる条件がないに等しかった。航空機生産は、もっとも高い性能を有する内燃機関の開発と生産の頂点に立つものであり、本来こうした条件なくして実現することはありえなかった。

航空機生産を発展させる条件をほとんど欠いていた日本だが、比較的高い能力を持つ航空機を開発し、かなりの数を生産し戦場に送り出せたのは奇跡である。国策によって予算・技術者・資源を一点に集中して実現したが、注意してみると均質でなければならない大量生産の面で課題を残し、とくに航空機エンジンの開発・生産における立ち遅れが日本機の性能向上の足枷になった。

太平洋戦争初期に日本機の華々しい活躍が連合国を驚かせたことは事実だが、それは日本機の性能が予想外に良かった驚きであって、日本機の性能が連合国軍機を凌駕していたわけでない。一時期、海軍機が連合軍機に苦戦を強いることができたのは、航空機の性能というより操縦者の高い技量であったと考えられる。

第二節　操縦者教育と横須賀航空隊

大正元（一九一二）年十月、横須賀追浜海岸に東西二百メートル、南北六百メートルの海軍最初の飛行場が建設され、一隅には格納庫一棟が設けられた。追浜飛行場と呼ぶのが通称である。十一月十二日には、金子養三大尉が仏製ファルマン機、河野三吉大尉が米製カーチス機を操縦し、新設飛行場から初飛行を行い、両機は横浜沖での観艦式の上空まで飛行して注目を集めた。同じ頃、早くも搭乗員や整備員の養成に着手したが、まさに海軍の卓見であった。

大正五（一九一六）年四月、追浜に海軍最初の横須賀海軍航空隊が設置された。同隊の目的は、士官である学生に対して高等航空教育を施すとともに、各種航空術の実験研究に当たることにあり、航空機に関する教育機関・実験研究機関であって航空戦闘部隊ではなかった。この時から海軍では、航空要員の養成を学校ではなく、航空隊で行うのが伝統になった。陸軍の航空要員が下志津飛行学校、明野飛行学校、浜松飛行学校といった学校で教育されたのに対して、航空隊であれば養成員数の増減に適宜対応できるし、部隊であれば訓練時間に制限を受けないといった理由から、最後まで海軍は飛行学校を設けなかった。術科教育に熱心で、状況に応じて術科学校を新設してきた海軍だが、航空教育だけは違ったわけである。

十月から将校学生・機関科将校学生らに対する教育が始まり、翌六年には下士官兵を搭乗員及び整備員に採用する制度も始まった。優れた性能を有する航空機を一人で操る搭乗員には高い戦術的知識が必要とされるため、優秀な将校搭乗員を増やしたかったが、人事行政上の理由から下士官兵に頼らざるを得なくなった。英仏空軍や米陸軍航空隊が操縦者を将校に限った方針と大きく違っていた。

八年になると航空隊に練習部を設置し、養成と術科を並立させた教育体系を立て、航空術学生、航空機関術学生、飛行術練習生、飛行機機体術練習生、航空機関術練習生、気球術練習生等の教育を同時に開始した。学生は将校、練習生は下士官兵である。十年には英国からセンピル大佐を団長とする飛行団を招き、これに合わせて臨時海軍航空術講習部を設置し、茨城県霞ケ浦において航空術に関する指導と教育を受け、操縦や整備、航空隊の制度や組織等について貪欲に吸収した。飛行団の報告書には、日本の操縦者は勇敢かつ熱心で、技量も優れていると賛辞が記されていた。飛行団の講習が終了した十一年十一月一日、横須賀鎮守府隷下に霞ヶ浦航空隊を開隊し、航空隊練習部の下で航空要員の養成教育が開始された。

昭和二（一九二七）年四月、それまで艦政本部の一部門でしかなかった航空分野がようやく独立を果たし、海軍航空本部が創設された。航空機開発のネックが取り除かれた一方、横須賀航空隊を中心に進められてきた教育が航空本部教育部の指導下に置かれることになった。教育内容の棲み分けが進められ、霞ヶ浦航空隊が飛行機に関する航空術の教授及び研究、横須賀航空隊が気球に関する教授及び研究と定められ、横須賀航空隊はしばらくの間、航空機から離れることになった。

昭和五年五月の「海軍航空隊令」の改正に伴い、霞ヶ浦航空隊が基本操縦に関する教育、横須賀航空隊が高等航空術と機上作業、各術科に関する教育、新型機の実用化に向けた各種試験を所掌することになり、再び航空分野の一翼を担うことになった。新型機の試験飛行は、七年に隣接して設置された海軍航空廠の飛行実験部が担当し、パスすると横須賀航空隊に引継がれ、実用化試験が繰り返された。この年、千葉県館山に飛行場が完成し、横須賀航空隊の関係部門が移駐して館山航空隊と呼称され、試験飛行の一部を担当することになった。

五年六月には海軍飛行予科練習生制度が発足し、六千人近い志願者の中から七十九名の練習生が選抜され、横須賀海軍航空隊に海軍四等兵として入隊した。入隊条件は高等小学校卒業程度の学力、年齢は十五歳から十七歳で、卒業後は下士官になった。予科練習生の入隊状況を見ると、次のようになる。

横須賀航空隊を出発点に操縦者の道に入った彼らこそ、高い操縦能力と判断力を磨き、海軍航空隊の名声と誇りをはぐくんだ先達であった。ところが十二年五月、③（マル三）計画に基づく航空隊増勢計画に沿って、中学四年修了程度の学力、年齢は十六から二十歳とする新たな予科練習生が採用されることになった。将校操縦者の育成を目指した処置である。この変更によって昭和五年から採用されてきた予科練習生を乙種飛行予科練習生とし、七年もあとに入ってきた予

乙種飛行予科練習生入隊状況

期	入隊年月日	入隊者数	入隊先
1	昭和 5年 6月1日	79	横須賀
2	6年 6月1日	128	横須賀
3	7年 6月1日	157	横須賀
4	8年 5月1日	149	横須賀
5	9年 6月1日	220	横須賀
6	10年 6月1日	187	横須賀
	⋮	⋮	⋮
	⋮	⋮	横須賀
	⋮	⋮	⋮
10	13年11月1日	40	横須賀
11	14年 6月1日	393	霞ヶ浦
12	14年11月1日	370	霞ヶ浦
13	15年 8月1日	294	霞ヶ浦

（『日本海軍史』第五巻）

甲種飛行予科練習生入隊状況

期	入隊年月日	入隊者数	入隊先
1	昭和12年 9月1日	250	横須賀
2	13年 4月1日	250	横須賀
3	13年10月1日	260	横須賀
4	14年 4月1日	264	霞ヶ浦
5	14年10月1日	258	霞ヶ浦
6	15年 4月1日	267	霞ヶ浦

（『日本海軍史』第五巻）

科練習生を甲種飛行予科練習生と呼ぶようになった。将来の将校を甲種、下士官を乙種と呼ぶのは、組織制度上からしておかしくないが、海軍航空隊の草創期の歴史を担い、操縦者としてずっと先輩であり、しかも操縦能力の高い自分らが、なぜ乙種と呼ばれなければならないのか腑に落ちない不満を残すことになった。

徹底した軽量化をはかった日本の戦闘機に搭載された無線機はほとんど使い物にならず、そのため組織戦が困難になり、自ずと個人戦になりやすかった。指揮官の無線を使った命令ができなかっただけに、米軍のように各高度に編隊を配置し、二機一組で敵機に当たり、背後に敵機が迫れば直ちに知らせるといった組織戦は、日本の航空隊にとって夢物語であった。そのために操縦者は個人の判断で行動せざるをえないことが多くなり、甲種・乙種、士官操縦者と下士官操縦者といった上下関係は、大空では無用の制度・秩序に近かった。太平洋戦争初頭に連合軍を驚かせた海軍航空隊の活躍は、航空機の性能もさることながら、乙種を中心とした優秀な操縦者の活躍に負うところが大きかった。

航空母艦とこれより離発着する航空機とを発達させたのは日米英の三国だが、空母機動部隊を編成し、これを海戦の勝敗を決定づける中核戦力にまで高めたのは日米二国のみであった。そのためには空母の建造だけでなく、海上で動揺する空母の狭い甲板を使って航空機を離発着させる優秀な操縦者を育成しなければならなかった。昭和二年に空母「赤城」、三年に同「加賀」が竣工し、同年「赤城」「鳳翔」の空母二艦に駆逐隊一隊をつけた第一航空戦隊が編成され、第一艦隊に編入された。いよいよ空母機動部隊の登場である。

昭和十年頃から海軍航空戦力は飛躍的発展を見せ、操縦者要員の定員も増え、霞ヶ浦及び土浦の航空隊は入隊者を増やして対応した。横須賀航空隊は昭和十年初頭に甲・乙種予科練習生に対する教育から、「航空術の実験研究」に重点を移すようになった。実験航空隊として新しい航空機の開発に任じるほか、とくに戦闘機の戦技向上につとめた。横須賀航空隊に置かれた戦闘機隊には海軍でもっとも優秀な操縦者が集まり、高度な戦技を磨くとともに、その成果を航空術の学生と練習生の教育に反映させる仕組みがつくられた。のちには陸軍の優秀操縦者が集まる明野飛行学校と交流し、模擬空中戦を通して互いの戦技を披露し、技量の向上に努めている。

昭和十三年十二月、連合航空隊制度が発足し、練習航空隊二隊以上で練習連合航空隊を編成することになり、第十一及び第十二連合航空隊が設置されたが、横須賀航空隊はこれまでの経緯から特別な扱いを受け、いずれにも関係しなかった。ただし十四年の「海軍軍備計画」に沿って十隊の実用航空隊・八隊の練習航空隊が新設された際には、横須賀航空隊に整備練習部と兵器整備練習部が設置されている。

この頃から横須賀航空隊の本来の任務である研究実験、とくに空戦技術の開発が忙しくなっためか、前表のように甲種・乙種飛行予科練習生の受入れも十三年を最後とし、二度と受入れることがなかった。この後は、土浦をはじめ岡崎・三重・鹿児島・人吉・串良・松山・三保など全国に展開した練習航空隊で教育訓練が行われ、昭和十六年を境に一回の入校者数が甲種・乙種ともに千人、二千人を越えるようになった。

機械工業が著しく立ち遅れ、満足な自動車も作れない日本が、各種航空機を開発し、一時期、米軍の航空機と互角の戦いをしたのは信じがたいことである。だが太平洋戦争初頭の短期間、航空優勢を実現したのは、前述のように優秀な操縦者を揃えたことが要因であった。太平洋戦争中、総力をあげた航空機生産は順調に伸びたが、十九年になると戦況が急激に悪化するに至ったのは、航空機の性能向上の立ち遅れと、熟練操縦者である海軍航空隊の中核的操縦者が激戦の過程で失われ、若手操縦者の育成が進まなかったことにあると考えられる。熟練操縦者の育成には長い期間を必要とし、短縮しようとすれば機体や燃料を惜しげもなく使って、一日当りの訓練飛行時間を長くするほかなかったが、日本の国情では無い物ねだりというものであった。

第三節　海軍航空技術廠の設置

明治維新以来、国家主導の強兵策の下で、艦船艇の分野で短期間に諸外国の技術を吸収し、工廠や軍港の施設を早期に整備した結果、明治末になるとすべての艦船艇を国産化する方針を打ち出せるまでになった。だが艦船艇建造で培った技術は、新たな戦力として登場してきた航空機の開発や製作に生かせるわけではなかった。

海軍は、大正元（一九一二）年から翌年にかけ横須賀工廠で欧米に学んだ機体の組立や発動機の製作に着手し、四年には同工廠で独創した機体を製作した。だが海軍は、軍艦を建造する工廠における航空機製作がなじまないことに早々に気づいた。鉄を一点一点加工するのを主な仕事とする工廠で、航空機用の小型で精密な部位・部品を多種多数作ることは、無理に近い要求であったからである。内燃機関や自動車を製作するメーカーから航空機産業が起った欧米と違い、どちらもない日本では同じ経緯を期待できなかった。だが開拓精神旺盛な民間企業が航空機の製作に進出し、日本のハンディを埋めようとした。

近代化の歴史が浅い日本では、欧米に比較して民間企業の技術力、開発力が劣り、兵器分野では尚更であった。しかし何十、何百社という各種工場から調達した部品を組み立てる航空機製作では、むしろ民間企業の方が取り組み易い利点があった。航空機の発達は日進月歩で、三、四年ごとに試作機を出さないと取り残されるほど技術革新が早く、国の機関のように年度予算制に縛られず、外国企業との技術提携も容易な民間企業の方が対応しやすかった。

だがまだ日本の民間企業は経営基盤が弱体で技術の蓄積も不十分であったから、民間企業が自力で国家の計画を請け負うまでにはまだ時間が必要であり、当分の間、国家が民間企業を助成し牽引しなければならなかった。海軍は、大正十五（一九二六）年に民間における技術向上を目的に、三菱・中島飛行機・愛知時計電機の三航空機製造会社に次期艦上戦闘機の競争試作を求めた。中島飛行機は、大正六年に創業者の中島知久平が郷里の群馬県太田町で事業をはじめたばかりの所謂ベンチャー企業であったが、三式艦戦の提案が採用されて飛躍のきっかけをつかみ、やがて三菱と首位の座を争う東の雄へと成長していった。

航空機開発は、民間メーカーにやらせる陸海軍の政策によって推進された。先の三社のほか、川崎航空機、日立航空機、川西航空機、立川飛行機等の会社が次々と誕生し、最終的には十三社にまでなり、会社数の上では航空先進国に近づいた。メーカーの役割は、機体とエンジンを組み合わせて優秀な航空機を製作することだが、欧米では機体メーカーとエンジンメーカーが完全に分かれていたため、機体メーカーはエンジンメーカーが提案する何種類かのエンジンの中から選んで機体を設計すればよかったが、産業が未発達の日本では、一つのメーカーが機体もエンジンも共に開発し製造しなければならなかった。機体とエンジンの製作が分業化していなかった日本では一社が両方に携わるので、航空機総合メーカーとでも呼んで欧米のメーカーと区別した方がよいのかもしれない。

日本のようにメーカーの分業化が遅れると、機体に搭載する通信等機器や搭載火器の開発まで航空機メーカーが引受けかねないが、さすがにそこまで担うのは困難であった。各分野の専業メーカーが製造した機器や火器を調達したが、要求通りのものがない場合には、陸海軍が手当しなければならなかったし、調達する射撃兵器・光学兵器・各種航法計器・通信機器等や部位・部品の性能及び強度の各種試験も陸海軍の役割であった。各作戦に対応するため、搭載する爆弾の種類も年々増え、これらも民間の手で設計・実験・製造するのは困難であり、陸海軍が開発から製造まで担った方がよい場合も少なくなかった。

軍艦建造については豊富な経験と高い技術があり、これを基に民間造船所を指導できたが、航空機製作では官民の差はないに等しかった。海軍には、メーカーのできない分野を担うことで、メーカーが航空機製作に没頭できる環境をつくると同時に、指導力の確保をはかる意図もあったであろう。日進月歩の航空機開発では、十年先、十五年先に登場する航空機を見越して先進技術の研究開発が必要であり、海軍が担わなければならない分野は少なくなかった。

昭和四（一九二九）年四月、横須賀海軍工廠造兵部に航空機実験部が設置され、翌五年十二月には発動機実験部が設置され、続いて七年四月、航空機実験部と発動機実験部、霞ケ浦技術研究所出張所を合併し、横須賀浦郷に巨費を投じて航空技術の実験研究、審査を目的とする海軍航空廠を設置した。これまで艦政本部の強い指導を受けることが多かった航空廠は、横須賀鎮守府隷下になったおかげで自由な発想で開発に当ることができるようになった。航空廠は七部から構成され、その内、主要な部の役割を紹介すると以下のようになる。

科学部　海軍技術研究所航空研究部の業務を継承
飛行機部　横須賀海軍工廠造兵部飛行機工場の業務を継承
発動機部　横須賀海軍工廠発動機実験部の業務を継承
飛行実験部　横須賀海軍工廠航空機実験部の業務を継承
兵器部　航空兵器材料の実験・研究・調査、航空兵器の弾道の研究・実験等

海軍航空が横須賀に本拠を置いた理由を明らかにした記録はないが、海軍・大学等の研究機関との連携、外国の航空機関係資料の購入、機体や部品の輸入、外国人技術者の雇傭等の点で好都合であったことがあげられよう。

海軍航空廠の主な業務は、航空機・発動機・関連機材等の設計、試作、実験、研究、調査、審査等であるが、最も重要なのは各部位・部品の各種テストであった。空戦で激しく動き回る軍用機には、構造の強化と高空を高速で飛行するために軽量化という矛盾する要求が突きつけられる。また航空機の性能を決定づけるエンジンの故障は即墜落を意味するので、どのような状況下でも安定して駆動することが求められる。そのため試作の段階で、機体やエンジン、その他の搭載機器等についてあらゆる状況を想定したテストを繰り返し、重大事故につながる恐

れはないか徹底した検証を行い、問題が見つかれば設計のし直し、製造法変更、改修等の改善案を出して解決しなければならなかった。欧米諸国では、施設や技術者に余裕があるメーカーが各種テストを行ったが、創業して十数年の歴史しかない日本のメーカーにとって大きな負担であり、そのため、海軍の航空廠がこの作業を担うことになった。創設後の航空廠が雪だるま式に膨張するのは、各メーカーの試作機や試作機器がすべて持ち込まれたためであろう。

当初計画された設備がすべて整ったのは昭和十一年だが、まだ成果を上げていない昭和七年頃でも、人員はすでに二千名前後に上った。陸軍航空が広大な武蔵野台地の一角を占める東京都下立川市から埼玉県入間にかけての東京周辺地域に、航空士官学校、整備学校、研究所、飛行場、メーカーまで集めて発展したが、海軍航空は海に接した横須賀を中心に発達し、ついで各鎮守府近くに航空隊、航空廠を設置している。

泥沼の日中戦争が続く昭和十四年四月、海軍航空廠は海軍航空技術廠（略称「空技廠」）に名称を変え、組織と規模は雪だるまのように膨らむ一方であった。名称の変更は、戦地に設置された特設航空廠との混同を避けるためといわれるが、前年十三年、各部の材料研究部門をまとめて材料部とする変更があり、大きな転機に差し掛かっていた。間もなく浦郷の敷地が手狭になり、十六年、兵器部を金沢文庫に近い釜利谷に移し、新設の爆弾部と合わせて空技廠支廠とすることになった。釜利谷に移った兵器部は射撃・爆撃・雷撃の三部に分かれ、爆弾部は製鋼部と改称、さらに火工・光学・計器・電気の四部が新たに設置された。支廠設置の際、浦郷の本廠では、発着機部門が残って発着機部として独立、十八年には推進機（プロペラ）部と医学研究部が設置される一方、飛行実験部は横須賀航空隊に移され、同隊審査部となった。

戦況が激しくなるにつれ、空技廠でも開発した機器や兵器を生産するようになった。爆弾製造を例に上げると、四鎮守府の海軍工廠とともに航空機用各種爆弾の生産に携わり、戦争中、以下のような実績をあげている。民間の製造所に比べると、多いとはいえなかったが、各工廠に比べれば断然多い。

航空機用爆弾の製造実績

製造所	爆弾の製造数
空技廠	18,581発
横須賀工廠	7,100発
呉工廠	9,720発
佐世保工廠	5,730発
舞鶴工廠	4,040発

（『横須賀海軍工廠外史』）

二十年二月に空技廠は第一海軍技術廠に改称され、釜利谷の支廠の敷地内に第二技術廠が設置された。第二技術廠は海軍航空本部に所属し、電波、音波、磁気等の研究を行った。ソフト面の研究開発は、日本が近代化を急ぐあまりハード面に集中し、後回しにしてきた分野で、この遅れが太平洋戦争の苦戦を招く一因になった。

ソフトを後回しにしたことによるハードとの著しいアンバランスこそ、技術集団でもある海軍の問題点であった。航空機の航続距離、戦艦主砲の口径、駆逐艦の速力、魚雷の射程等で相手を上回ることばかり考え、主砲などは射程が伸びすぎ、命中の判定もできなくなった。観測機で確認できるといわれたが、通じない無線機でどのように知らせるか、また制空権を失い観測機を飛ばせなくなったらどうするのか。ニューギニア航空戦でも、昭和十九年二月の米艦載機のトラック島空襲でも、見張り用レーダーが数十分前に敵機接近を捉えても、味方機に伝える手段が機能しなかったため奇襲攻撃を受けたのと同じになり、地上待機の航空機がたちまち火だるまになった。レーダー以外の立遅れの方がより深刻であった。

アメリカの戦争映画で、パイロット同士やパイロットと地上部隊とが攻撃目標について無線電話で話し合っている場面をよく見掛けるが、こうした連携は日本機ではできなかった。マリアナ沖海戦の際、米軍は一度に数百機も上空に上げ、来攻する日本機を迎撃して完勝を収めたが、それを可能にしたのは、数十の航空隊を一糸乱れずに動かす高度な航空管制技術であった。空中雑音の入らない完璧な無線電話のお陰で、米軍機は管制官や指揮官の指示を逐次受けながら行動し、日本軍機を圧倒したのである。

戦艦・重巡に搭載された十二・七センチの海軍自慢の高角砲は、高度一万メートルを飛ぶ敵機も打ち落とせると豪語されたが、人間の視覚に頼る光学機器では、高空を時速五百キロ以上の高速で飛行する敵機を捉えることがむずかしく、どうしてもレーダー射撃装置（電波探信儀）が必要になった。ハードの進歩は人間の五感による対処法を置き去りにし、ソフト技術で補わなければならない段階に至っていたのである。第一技術廠が航空分野のハード面を探求するなら、第二技術廠は海戦・空戦で要求されるソフト面の研究を担当する機関であった。第二技術廠の設置は、開戦以来、三年近くになる米軍との戦いの末にたどり着いた海軍の認識を反映していた。

第四節　空技廠が設計・開発した特殊航空機

日中戦争以来、空技廠の人員は膨張に膨張を重ね、太平洋戦争が始まると、戦時動員令による大規模な人員増もあり、最大三万四千人に達したといわれ、富ヶ谷、柿ノ木、白山道等に木造二階建ての工員寄宿舎が林立した。昭和十八（一九四三）年になると、実戦機の改良、新機種の開発競争で米軍に大きな差をつけられ、南太平洋方面では開戦初頭の大活躍が嘘のように航空隊は振るわなくなり、制空権・制海権を失いはじめた。空技廠も艦上爆撃機「彗星」や陸上攻撃機「銀河」を設計しているが、成功した機体とはいいがたい。

機体のサイズを変えずに性能向上をはかるには、部品の精度を上げながら小型化し、できる空間に性能を高める新機構を盛り込むことが必要であった。そのためには精巧かつ複雑な作業ができる精密工作機械、精度を正確にはかる測定器が不可欠であった。精密工作機械を生産する能力を持たないまま戦争をはじめた日本の限界が、航空機エンジンの出力強化を阻む壁となって現われた。ソ連は、一九二八（昭和三）年から三二年まで行われた第一次五ヶ年計画において、ドイツから膨大な量の各種工作機械を輸入し、そのお陰で独ソ戦を戦うことができたといわれる。日本も太平洋戦争開戦直前に慌てて工作機械の輸入に奔走したが遅すぎた。

終戦近くになって、疎開準備に忙殺されるメーカーに代って、空技廠がドイツの開発した新鋭機及び特攻兵器の実用化を担当し、もっとも輝かしい時期を迎えることになった。陸軍の主導で結ばれた三国同盟は、ドイツとの往来が潜水艦以外にない大戦中、潜水艦同乗者を海軍が決めたため、実質的に海軍にドイツ技術輸入の選択権をもたらした。

昭和十九年四月、空技廠は推進機部を設置し、ドイツのＭｅ一六三をモデルにした「秋水」の液体燃料ロケットエンジンの開発に着手した。「秋水」は、Ｂ29迎撃の切り札という触れ込みで開発がはじめられた。わずか三分で高度一万メートルに到達したが、その前にエンジンが燃焼を終え惰性飛行になるので、いち早く敵機に照準を合わせ射撃しないと、二度目の攻撃チャンスはなかった。理論上は可能でも、実際に照準し射撃できるのは神頼みに近かった。

開発製造は三菱重工業が中心になり、エンジンを同社の名古屋にある大幸工場、機体を大江工場で行うことになった。日本初の液体燃料ロケットは未経験のことばかりで、酸化剤には濃度八十％の過酸化水素水を使用するが、これほど高濃度のものを国内で作ったことがなかった。これほど濃いと可燃物に触れるだけで発火するため、電解槽には純粋な錫がベストであったが、調達がむずかしいため陶器を使用した。燃料のヒドラジンにしても、わずかな生産経験があるのみで、化学工場を動員しても大量に生産できる見込みがなかった。昭和十九年十二月七日の遠州沖大地震で、知多半島常滑の陶器工場が大きな被害を受け、計画の推進が一層困難になった。

やむなくロケット実験場を空技廠に移すことになった。だが空技廠敷地内に適地がなかったため、隣の横須賀航空隊内の夏島の尖端部分に造られた。最初の全力実験は二十年一月十九日に行われ、立会者はもの凄い轟音と長く延びたオレンジ色の炎に圧倒された。燃焼実験は成功・失敗を繰り返したが、機体の製作の方は比較的順調に進み、千葉県柏飛行場を使って「秋水」をグライダーにした飛行訓練が連日行われた。

四月四日に三菱大幸工場がＢ29の精密爆撃により壊滅的被害を受け、「秋水」に携わる技術者たちは長野県松本市の施設に疎開した。こうした状況の下で、神奈川県山北の実験場で組み立てられた「秋水」が完成し、七月七日夕方、新興宗教に凝った柴田司令が啓示を受けたという神のお告げに従い、追浜飛行場の短い滑走路を使って飛行実験が行われた。離陸直後にエンジンが停止し、機は監視塔に接触したあと、飛行場西端に不時着し大破した。原因は、燃料を減らした柴田司令の命令にあったといわれる。

「秋水」は日本の技術力、工業力では手に負えない代物であった。それよりもはるかに構造が簡単な「桜花」は、実戦的であるか否かは別として、実用化の可能性は高かった。十九年八月に空技廠は「桜花」の設計・製造を命じられた。同廠で設計から製造までの全過程を担ったのは「桜花」が唯一であった。横須賀航空隊、霞ヶ浦の第一空廠、大船の富士飛行機、横浜富岡の日本飛行機、茅ヶ崎製作所等が参加して大車輪の開発がはじまった。

アルミニウム不足から強化木材で機体構造を製作し、「秋水」の液体ロケットの取扱いに懲りて、推進器には固体燃料ロケットが使われた。艦上攻撃機「天山」の空母発進用噴進器が倉庫に残されていたことから思いついた発想で、これを三本束ねて座席のうしろに取り付けた。噴進器に推進薬を詰める作業は、田浦の火工工場、逗子久木の分工場で行われたが、久木分工場で作業に当ったのは、勤労動員で仙台から来ていた宮城第一高女の生徒たちであった。

当初、空技廠では飛行試験を抜きにして、風洞実験の結果を信じて実戦投入するつもりであった。しかし不安が周囲から出たため、実証試験を行うことになった。十九年十月二十三日、木更津飛行場から飛び立った一式陸攻は、相模湾上空でつり下げた無人の「桜花」を切り離した。「桜花」は滑るように放物線を描き、最後に白い水煙を上げて海面に激突した。続いて三十一日、操縦者の乗った試験飛行が茨城県百里ヶ原飛行場において行われた。横須賀から「桜花」を搭載した一式陸攻とこれを見守る観測機が上空に現れ、解き放たれた「桜花」がロケットを噴射してスピードを上げた。間もなく爆弾の代わりに積んだ水を捨てながら降下し、飛行場を周回したあと、胴体の下に取付けた橇を使い着陸に成功した。

戦況を考慮すると、大急ぎで生産に取りかからねばならなかった。十九年十一月中旬までに空技廠と霞ヶ浦の第一空廠で生産された五十機の「桜花」は、竣工したばかりの空母「信濃」に積み込まれた。呉経由でフィリピンに向うべく横須賀を出たが、十一月二十九日午前三時、米潜水艦の雷撃を受け、十一時頃紀伊半島潮岬《しおのみさき》の沖で沈没した。「信濃」より三ヶ月早く横須賀工廠で竣工した空母「雲龍」も「桜花」三十機を搭載してフィリピンに向ったが、十二月十九日、宮古島沖で雷撃を受けて沈没した。最後に空母「龍鳳」が「桜花」五十八機を積んで出港したが、敵機動部隊の沖縄来襲を知って引き返し、「桜花」でフィリピン戦を立て直す目論見は頓挫した。

戦争中、「桜花」には敵艦を屠った記録が見当たらない。母機となる一式陸攻が「桜花」の突撃可能な距離まで接近できなければ発進できないからだ。一トン以上もある「桜花」を抱えた一式陸攻は鈍足になり、たちまちレーダーに捕捉され、米軍機に撃ち落とされた。一式陸攻から飛び出す方法は危険が大きすぎるというので、本土に接近した敵艦に対して、地上に設置されたカタパルトから発進して突っ込む方式に転換したが、一度も使われることがなかった。

第七章
国内の動揺と横須賀鎮守府

関東大震災での救護活動　横須賀市自然・人文博物館蔵

第一節　大本教と海軍機関学校

出口なおを開祖とし、娘婿の王《お》仁《に》三郎《さぶろう》が京都府綾部に小教団を組織してから隆盛に転じ、大正初期に爆発的発展を遂げたのが大本《おおもと》教だが、正確には大本で「教」をつけない。綾部に根拠を置いたのと、近くの舞鶴に鎮守府が置かれた時がほぼ同じで、信者の海軍軍人が布教活動の中核となり、軍隊的布教組織を編成して教勢拡大につとめ、たちまち信者数百万人ともいわれる大教団に発展した。舞鶴鎮守府は横須賀鎮守府から人や艦艇を分けてもらうかたちで発足し、機関学校が往復したこともあって、両者の関係はきわめて緊密で、大本教もこのルートに乗って横須賀方面に広がったらしい。

大本教は、同教が信ずる国常立《くにのとこたちの》尊神《かみ》を天照大神より上位に置き、現人神たる天皇の宗教的権威の脅威になると内務省が判断したため、次第に官憲による強い取締りを受けるようになった。大正九（一九二〇）八月二十六日の「横浜貿易新報」には、

丹波綾部大本教浅野文学士の秘密出版物「火の巻」は公安を害するものとして東京警視

庁初め各地警察部に於て押収しつゝある由は既報の如くなるが本県警察部にても過般来大活動の結果横浜市内にて六部、横須賀市内より二部を押収し目下高等課にて取調中なり

とあるように、警察が横浜や横須賀で同教の出版物を取締り中であることを伝えている。ここに見える浅野文学士とは、海軍機関学校教官の浅野和三郎のことで、一高から東京帝大に進んだ俊才で、英文学界では広く知られた英文学者であった。和三郎の兄が正恭で、当時海軍中将で呉工廠砲熕部長という要職にあった。兄弟揃って周囲に入信を勧めたために、海軍内で春の草焼きのように広がった。正恭と親しかった海軍軍人も多く、秋山真之《さねゆき》もその一人で、彼の勧めで熱心な信者になった将官、佐官は少なくない。

横須賀で発禁処分とされた和三郎の「火の巻」、正しくは『大本神諭　火の巻』が見つかったからといって不思議なことではない。大正十年五月十二日の「横浜貿易新報」に「大本教事件の巨魁文学士浅野和三郎は、曾て横須賀海軍機関学校の教官だった関係で海軍部内に可成りの信仰者を持ち、横須賀が本県下に於ける大本教宣伝の根拠地になってゐる」とあることからみても、発見された発禁本が横浜より横須賀の方が少ないのが不思議なくらいである。

大正九年五月に戦艦「陸奥」が横須賀工廠で進水する際に、同教の信者が無事に進水できない神のお告げがあったから止めた方がよいと言いふらして、海軍を困らせたことがあった。もっ

と深刻であったのは、右の「横浜貿易新報」の続きに「浅野の居た処だけに機関科の将士に多数の教徒がある。岩辺機関少将、機関学校教官宮沢理学士、砲術学校の松本中佐、水雷学校の横尾中佐など」と、実名で報じられるほど部内への浸食が激しかったことである。

強い懸念を抱いた海軍大臣と陸軍大臣が、部内から信者を一掃する指示を出したといわれる。だがこの件を表沙汰にし、信仰を理由に関係者を懲戒免職にするわけにもいかず、人事異動で閑職あるいは地方に追いやるしかなかった。海軍部内では、これを境に大本教をめぐる問題が話題にならなくなっていくので、ひとまず片づいたといえるかもしれない。その後、国内では「皇道大本《こうどうおおもと》」と名称を変えるなどして拡大し続け、昭和十年の大弾圧を伴う第二次大本教事件に至るが、海軍内が平静であったのは、大正十年以降、将兵の採用時に厳しい信仰チェックが実施され、それが成果を上げたためと理解されている。

第二節　関東大震災

大正十二（一九二三）年九月一日午前十一時五十八分に発生した関東大震災は、県下に壊滅的被害をもたらした。山間部を切り開いて住宅地化した箇所が多い横須賀では、傾斜地が崩れ、人家や道路が土砂に埋まり千五百人近い死傷者を出した。横須賀鎮守府については、「焼失の重なるものは海軍病院、海軍機関学校、海兵団及横須賀郵便局等にして全く同市軍港の全滅と謂ふべき状況に有之候」（『大正大震災誌』）と報告されたが、正確な被害状況は、国防上の理由から秘匿処置がとられたため封印され、外見や噂による推測や印象に類するものが流布した。米海軍が駆逐艦を派遣し、箱根・鎌倉・葉山方面に避難している米国人の救出のために横須賀港への入港を希望したが拒否されている。

軍港の被害状況は、箱崎の重油タンクから重油八万トンが湾内に流出し、一面火の海と化し、港内にいた艦船は先を争って脱出した。タンクは爆発炎上を繰り返し、濛々たる黒煙を上げた。軍艦の燃料が石炭から石油に転換中の頃で、アメリカから購入した石油タンクは新時代を象徴する建造物であった。石油が燃える時に特有の大きな赤い火球が時々上がる一方、天をつく黒煙に、対岸の千葉県住民の間には、三浦半島で火山が大噴火を起こしたという話がまことしやかに流れた。鎮火したのは十日後であったから、横須賀市街も軍港も潰滅したと思われたにちがいない。

実際の被害状況については、毛塚五郎氏が労作『関東大震災と三浦半島』（一九九二年）にまとめているので、この中から主要な施設についてのみ紹介する。

鎮守府庁舎　煉瓦建物全壊、木造建物はすべて傾斜または半壊
鎮守府文庫　建物倒壊、使用不能
気象観測所　測候室側壁亀裂し屋根崩壊、機械器具は全部破壊
海軍工廠　建物大部分倒壊・損壊、鉄骨・鉄筋構造物被害少
海兵団　庁舎・兵舎倒壊又は損壊
海軍病院　全焼
港務部　庁舎損壊
防備部　水雷倉庫・水雷調整庫損壊、施設の八割使用不能
軍需部　木造建物の半分は残ったが、煉瓦建物は全壊
航空隊　飛行機の大部分が損傷、兵舎・格納庫損壊

深田台の海軍病院は激震で落下した薬品のために出火し、外からも飛び火を受けて全焼に至っている。その他の施設も、軒並み半壊又は全壊で、文字通り壊滅的被害であった。だが修理すれば使用できる建物が若干あり、手を加えて業務を続けたところもあった。しかし打ち続く余震のため、こうした建物の破損がひどくなり、室内に止まることさえ困難になった。

もっとも多くの建物や施設を有する海軍工廠は、即死百七人、重傷二十人、軽傷九十人、行方不明十八人という大きな人的被害を出したが、昼食休憩のために火気と電気を止めた直後の

地震であったことがさいわいし、火災を免れることができた。藤原英三郎工廠長は、工員をいったん各自の家に帰し、就労に支障のないとわかれば直ちに出勤するように命じた。船渠では、建造中の潜水艦十号と十四号が船台から落ちて大破、空母「天城」も横転して大破し、修理不能のため解体と決まった。係留中の「三笠」は、東京湾内に入った津波に流されて岩礁に乗り上げ、転覆を避けるために浅瀬に艦底を沈める処置がとられた。

最悪の状況にもかかわらず、「震後火災の諸方に発するや、隷下艦船部隊に命し、即刻防火隊を組織して諸官衙並に市街の防火に従事せしめ……」（『関東大震災と三浦半島』）の如く、横須賀鎮守府隷下の官衙・部隊・機関は救護活動や治安の確保に全力を挙げた。倉谷昌伺氏の「関東大震災における日米海軍の救援活動について」（『海幹校戦略研究』第一巻第二号）によれば、海軍工廠は湿ヶ谷貯水場を市民に開放し、工廠の建物の一部も避難民のために開放した。砲術学校は浦賀方面の警備を担当し、水雷学校は家屋を失った地域住民に数日間の校内宿泊を許可する一方、食糧不足の鎌倉・逗子方面に対する在庫米の配送を行った。

海軍機関学校は校舎の大半を焼失したが、練習生を人命救助に当たらせ、兵員を負傷者救護、燃料輸送、崩落したトンネルの開掘作業等に従事させた。電気技術を持った者は、電線の処理や電灯の取り付け作業に当たり、十四日には市内一部への送電を可能にした。防備隊も大きな被害を受けたが、救護隊を編成し、田浦・船越方面で救護活動に当たった。砲術学校長樺山可也少将の率いる消防隊と海軍経理部伊藤中佐の率いる経理課員の一隊は、地元民とともに消火活動に当り、元町・ドブ板通り方面の延焼を食い止めている。横須賀市の復旧は周辺の市町村より早いが、海軍・陸軍と官・民との一致協力の成果が現われたものであろう。

横須賀航空隊では、市内各所や近隣村落の被害状況を調査し、伝書鳩を使って報告させた。救護隊派遣を要請する報告、追浜や金沢八景・文庫方面での凶漢出没を伝える報告が相継ぐと、航空隊から救護隊の派遣のほか、巡邏隊による深夜警備を行った。航空隊所属の飛行機の大部分が破損したが、軽度の飛行機を選んで修復につとめ、深夜までかかって完成させた。震災翌日の九月二日早朝、追浜の飛行場を離陸した飛行機は、東京から川崎・横浜の上空を一時間半にわたって飛行し、詳しい被害状況をもたらした。

呉や佐世保から駆け付けた艦船は、無事であった横須賀の艦とともに、関西や名古屋方面で調達した食糧・水・医薬品等を運び、帰りには着の身着のままの被災者を連れ帰り、安全な静岡県清水港や沼津港に送った。なお震災発生時、連合艦隊は渤海湾口に当たる旅順近くの裏《り》長《ちょう》山《ざん》泊地において検閲実施中で、船橋送信所から発信された電報の真偽をめぐって、司令長官竹下勇、参謀長小澤治三郎《じさぶろう》、第二艦隊司令長官加藤寛治《ひろはる》らの間で判断に手間取り、泊地を緊急出航したのは、電信を受けてから二十四時間後のことであった。旗艦「長門」が品川沖に到着したのは五日午後四時頃で、震災発生から丸四日以上も過ぎ、本格的救援活動に入ったのは翌六日早朝からであった。横浜港周辺の警備や救援を担当したのは小林躋造《せいぞう》司令官麾下の第三戦隊で、その時点から横須賀鎮守府所属の艦艇も小林の指揮を受けることになった。

第三節　五・一五事件

五・一五事件も二・二六事件も政府要人が軍人に命を奪われた大事件だけに、首都東京に近い海軍機関である横須賀鎮守府も無縁ではいられなかった。五・一五事件は、昭和七（一九三二）年五月十五日、少数の海軍将校と陸軍士官学校生徒たちが、重臣を威嚇して一挙に国家改造を実現しようとした集団テロで、犬養毅首相が射殺された。二・二六事件は、昭和十一（一九三六）年二月二十六日、皇道派といわれる陸軍青年将校が一千四百名の部隊を率い、首相はじめ政府要人を襲撃し、内大臣斎藤実《まこと》、蔵相高橋是清、陸軍教育総監渡辺錠太郎を殺害、侍従長鈴木貫太郎に重傷を負わせ、永田町一帯を占拠し、国家改造を要求した事件で、翌二十七日に戒厳令が敷かれ、七月十八日まで続いた。二つの事件は規模、様相もまったく異なり、横須賀鎮守府の役割も動きも大きく異なるので、別々に取り扱うのが適当であろう。

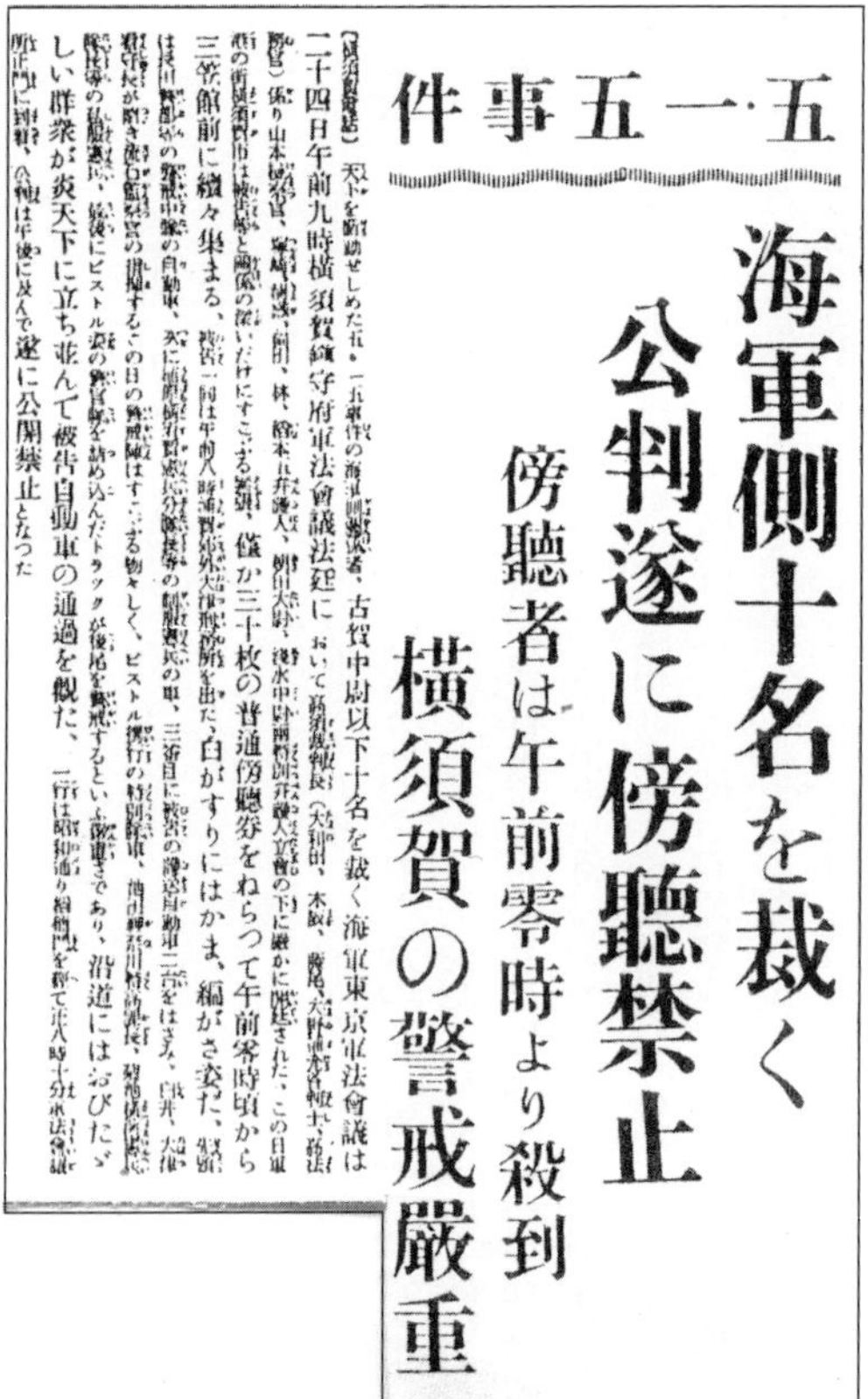

五・一五事件

海軍側十名を裁く
公判遂に傍聴禁止
傍聴者は午前零時より殺到
横須賀の警戒厳重

【横須賀電話】天下を[illegible]せしめた五・一五事件の海軍側被告者、古賀中尉以下十名を裁く海軍東京軍法会議は二十四日午前九時横須賀鎮守府軍法会議法廷において高須裁判長（大和田、木阪、藤尾、大野[illegible]法務官）係り山本検察官、[illegible]、前田、林、塚本各弁護人、朝田大尉、清水中尉両特別弁護人立会の下に厳かに開廷された、この日軍港の街横須賀市は被告等と関係の深いだけにすこぶる緊張、僅か三十枚の普通傍聴券をねらって午前零時頃から三笠館前に続々集まる、被告一同は午前八時[illegible]刑務所を出た、白かすりにはかま、編がさ姿だ、[illegible]の憲兵隊の自動車、次に[illegible]の車、三台目に被告の護送自動車二台をはさみ、[illegible]この日の警戒陣はすこぶる物々しく、ピストル携行の特別[illegible]、最後にピストル装の憲兵を詰め込んだトラックが後尾を警戒するという厳重さであり、沿道にはおびたゞしい群衆が炎天下に立ち並んで被告自動車の通過を観た、一行は[illegible]八時十分軍法会議所正門に到着、公判は午後に及んで遂に公開禁止となった

軍法会議の開廷を報じる新聞記事
東京朝日新聞夕刊　昭和８年７月25日

昭和五、六年頃から青年将校の言動が激しさを増し、各地から不穏な情勢が伝えられた。『昭和天皇実録』を見ると、こうした青年将校の過激な言動を深く憂慮した昭和天皇が、陸海軍大臣、

奈良武次《たけじ》侍従武官長らに地方部隊にいる秩父宮を心配して異動を相談した記録が見える。天皇は軍紀粛正を繰り返し命じているが、一向に改善されない中で五・一五事件が起きた。

犯人たちのうち、陸海軍関係者は、犬養首相殺害を実行したあと、麹町の東京憲兵隊本部に逃げ込むように自首した。警察に逮捕されると刑事事件として裁判されるので、これを避けるため、陸海軍の軍法会議を受けられる憲兵隊に拘束される道を選んだといわれる。

陸軍関係者の公判は東京青山の第一師団軍法会議法廷で行われたのに対して、海軍側は予審を東京で行ったものの、公判を横須賀鎮守府の軍法会議法廷に移した。周囲が静かであるというのが横須賀に移した理由と伝えられている。ところが昭和八年七月二十四日から九月二十日まで横須賀鎮守府に設置された軍法会議を開廷してみると、予想に反してこれまで例がないほど多数の報道関係者が殺到した。

初日、被告古賀清志中尉が立ち、ロンドン軍縮会議全権をつとめた若槻礼次郎と財部《たからべ》彪《たけし》を痛罵すると、新聞は世論を煽り立てるようにその内容を大きく報じたため、被告たちの主張に同情する世論が一気に盛り上がった。連日、横須賀発のニュースが紙面を埋め、国民の目が横須賀に釘付けになった。続いて公判証拠の審理に移り、三上卓・山岸宏中尉が統帥権問題を取り上げ、統帥権干犯を激しく弾劾し、事件をやむにやまれぬ行為であったと正当化すると、世間の興奮もピークに達した。昭和五年のロンドン海軍軍縮条約と統帥権問題をめぐる政争に犬養首相が渦中にいたのであればともかく、政友会総裁であっても野党議員にすぎず、政府の一員でなかった犬養首相を統帥権干犯を理由に殺害するのは甚だしいお門違いである。被告の主張の誤りさえ正さない新聞報道と不穏な世論とが結びついて作り出された社会的熱狂が、被告たちを英雄化した。

九月十一日に三名の被告を死刑とする論告求刑が行われると、猛烈な憤懣が各地に起こった。これまであまり前例のない助命嘆願を求める署名活動がはじまり、たちまち全国から百万人を越える書名が集まり、海軍省の玄関にうずたかく積み上げられた。九月三十日、世論の圧力に堪りかねたように判士たちが横須賀から東京に引き揚げた。だがそのためにかえって判士たちは海軍省内部で有形無形の圧力を受けることになり、判決の数日前から、死刑なし、全員有期刑になりそうだという噂が流れ出すのである。

十一月九日、横須賀鎮守府軍法会議において高須四郎判士長から判決を言い渡されてみると、求刑とは大きく変わっていた。噂通り死刑判決はなく、すべての被告が大幅に減刑された判決を受けた。首相を殺害しても、せいぜい禁固十五年ぐらいにしかならない前例ができた。求刑を覆した勢いは、昭和五年十一月に浜口雄幸首相に重傷を負わせ、のちにそれが原因で死亡する事件の犯人である佐郷屋留雄《さごやとめお》の量刑にも影響を与えた。結局佐郷屋も減刑され、有期刑になった。暴力という卑劣な手段で内閣総理大臣を抹殺しても、さほど重くない有期刑ですむという前例は、内閣と大臣の価値を著しく軽くし、また暴力を容認して、目的が正しければ行為とその結果を追及しないとする恐るべき空気が社会に蔓延した。

第四節　二・二六事件

五・一五事件以後、海軍内は以前に比べ静謐になった。しかし陸軍内では相変わらず過激な言動が目立ち、昭和九（一九三四）年十一月には陸軍士官学校事件、十年八月には永田鉄山軍務局長斬殺事件などが相次いでいる。

昭和十年、横須賀鎮守府参謀長に就任した井上成美《しげよし》少将は、陸軍の陰鬱な空気から、同じような事件の再発を危惧し、横須賀鎮守府司令長官であった米内光政《よないみつまさ》の承認を得て対策の準備に取り掛かった。まず有事に備え特別陸戦隊一個大隊を編成しておく、次に砲術学校に要請して掌砲兵二十名をいつでも海軍省（東京日比谷、現在中央合同庁舎第五号館）に向かわせられるようにしておく、警備艦「那珂」をいつでも東京芝浦に急航できる準備をさせておくなどの計画をまとめた。

十一年二月二十六日、懇意にしていた新聞記者の急報で事件を知った井上は、直ちに準備しておいた対応策を発令した。砲術参謀を自動車で東京に急派して実情調査を命じ、掌砲兵二十名の海軍省派遣、特別陸戦隊出動用意、「那珂」に代わる「木曽」の急速出港準備等を次々に命じた。鎮守府内の警備が強化され、海軍工廠や軍艦の見学受付を急遽中止し、「三笠」見学への切り替えを来訪者に要請している。二十七日の「横浜貿易新報」は、「横須賀鎮守府では昨廿六日午前突如警備の都合により工廠を始め軍艦等一切の軍港見学を差止め」と報じたが、事件にともなう非常措置であることに疑問の余地はなかった。三月一日まで鎮守府見学が中止されたのが、市民に向けられた唯一ともいえる影響で、市内はいつもと変わりなかった。

出港準備が整った「木曽」が特別陸戦隊を乗せて出港というとき、軍令部が手続きに問題がありと横やりを入れてきた。鎮守府は海軍省の隷下にあり、「木曾」も横須賀鎮守府の所属艦であり、軍令部に横やりを入れる権限はないが、無視はできなかった。軍令部が出した要求に陸戦隊の増員があり、やむなく大急ぎで四個大隊の編成を行った。一刻を争う事態であり、編成を終えた大隊から出発し、増設大隊をあとから急行させれば済む話で、軍令部の要求はセクショナリズムに漬かった部員の嫌がらせとしか思えない。

陸戦隊の先遣部隊は、二十六日の夕刻までに海軍省に到着している。残りの部隊が到着したのは丸一日あとの二十七日夕刻であった。後続部隊は、二十七日夕刻、高橋三吉司令長官の率いる第一艦隊の大部隊が芝浦沖に集結した際、その援護を受けて上陸している。集結を終えた横須賀特別陸戦隊は二千名を越え、海軍省及び周辺を警備するだけでなく、首相官邸にも進出し、襲撃から危うく難を逃れた岡田啓介首相救出の突破口をつくっている。

第八章
太平洋戦争期の横須賀鎮守府

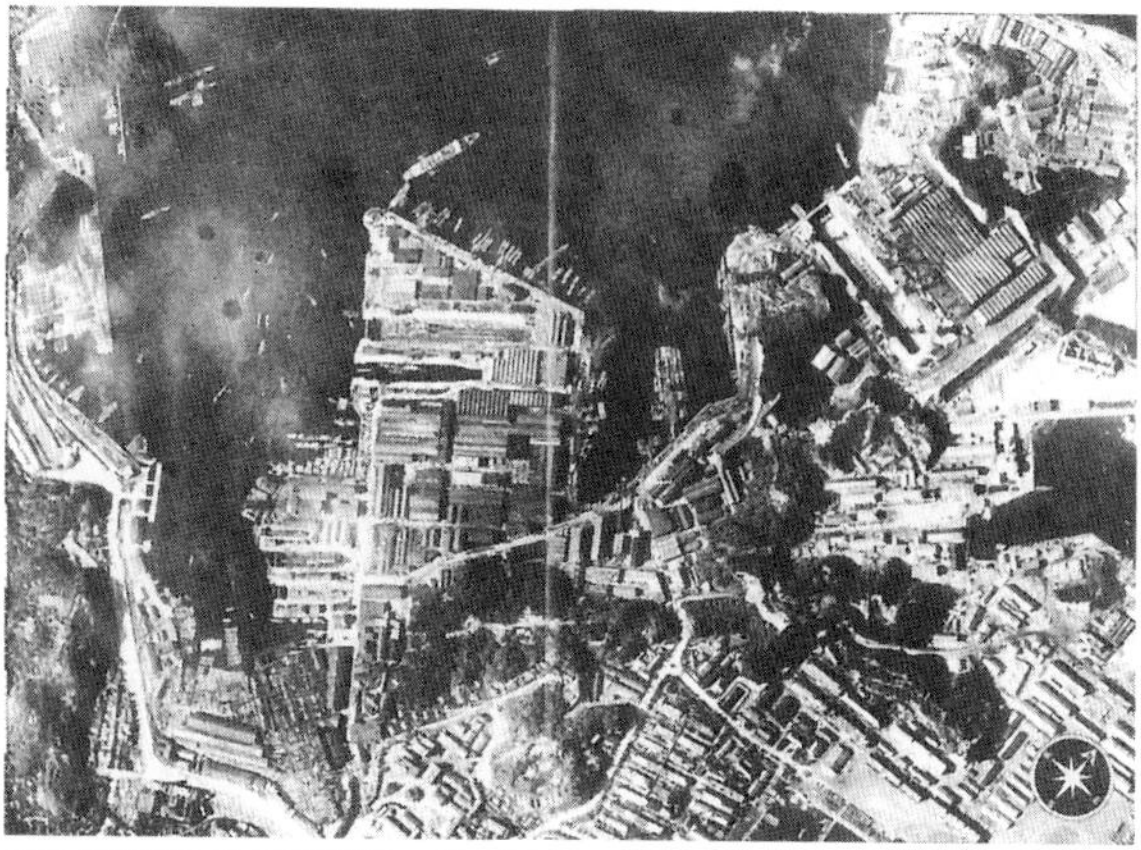

B29 が撮影した工廠周辺　1944 年 11 月 1 日
米国議会図書館蔵　横須賀市提供

第一節　横須賀鎮守府の防備体制

太平洋戦争以前には、現在の海上保安庁に相当する機関がなく、海難事故が発生すると、鎮守府所属の艦艇が出動して救難活動や捜索活動にあたっていた。艦隊所属の艦船も行動中の位置が遭難現場に近ければ、救難捜索活動にあたることになっており、平時における重要な「任務」であった。こうした鎮守府及び鎮守府所属艦艇の日常の任務と活動については稿を改めて述べることとし、本章では戦時という非日常の鎮守府、わけても特に関わりが大きかった太平洋戦争における横須賀鎮守府の動きについて取り上げる。

日清・日露戦役では佐世保軍港が日本海軍の根拠地として位置づけられ、中国大陸や朝鮮半島から遠い横須賀には、戦時を思わせる動きが少なかった。日清戦争の際、横須賀鎮守府造船部では外国艦船、国内民間船の修理を断っているが、ならば海軍の艦船の修理で忙しかったかといえば、それほどでもなかったらしい。大正時代に勃発した第一次世界大戦の際、日本海軍は南太平洋に進出し、ドイツ領の島々に日本の国旗を立て、事実上、日本領化した。この時、艦隊や陸戦隊への補給に当ったのは主に横須賀軍港を出入港する艦船であり、太平洋が戦場になったときには、横須賀軍港が海軍の中心的拠点になることを思わせる前例になった。

昭和十二（一九三七）年七月に蘆溝橋事件に端を発する日中戦争が勃発しても、横須賀には特に変わったことはなかった。だが九月五日に海軍が全中国沿岸封鎖宣言を発し、戦火が上海や南京へと拡大すると、関東地方でも次第に戦時色が深まり、十三年四月一日、横須賀鎮守府管内の警備体制が見直され、警備規程の施行、警備地区・警備指揮官・警備区域の設定、特設見張所の設置と所属先確認等の整備が進められた。「横須賀鎮守府警備規程」によれば、沿岸防禦の目的を離島と沿岸守備とし、離島を重視している点が注目される。これで明らかなように、離島の守備は鎮守府の所管であり、伊豆諸島を管轄する横須賀鎮守府の場合、軍港の範囲を遥かに越えた広い海域の警備を担当しなければならなくなった。警備の実施は鎮守府司令長官の命令に基づくが、警備部隊指揮官にも緊急時の判断が認められることになった。

太平洋戦争開戦後の昭和十七年八月、それまで議論されてきた第三海堡・観音崎・剣崎・城ケ島・洲ノ崎等の各灯台の燈火についてやっと意見がまとまり、「遮光蔽《しゃこうへい》を施し、警戒管制程度に減光」できる改造を加えることになった。敵襲来の際でも、灯台の任務上完全に消すことができないための処置で、最悪の場合には「消灯は特令によることとす」る条件がつけられた。

つぎに横須賀鎮守府隷下部隊の特設見張所と所属区分が以下のようになった。

防備隊等所属の特設見張所

所　属	特設見張所
女川防備隊	鮫崎・江ノ島・金華山・塩屋・磯崎・犬吠・勝浦・野島の各見張所
横須賀海軍警備隊	六会・腰越・大楠・城ヶ島・金谷・八幡・木更津・平塚の各見張所
横須賀防備隊	布良・浮島・風早崎・第二海堡・伊勢山崎・観音崎・長津呂・新島・三宅・御蔵島の各見張所
横須賀海軍通信隊	大島見張所
館山海軍航空隊	八丈島見張所
伊勢防備隊	御前崎見張所・神島見張所・大王崎見張所・三木崎見張所
浜名海兵団	浜名見張所

「横須賀鎮守府極秘例規　全」

これらの見張所の設置の中には、将来設置予定のものが若干含まれている。日露戦争の際、通航船の監視に成果を上げた望楼は大正十（一九二一）年に廃止されたが、かつて望楼があった場所に再び見張所が設置された箇所が幾つもある、見張所の目的が望楼とほぼ同じとすれば、沖合を通航する船舶の監視、気象観測、異変や水難の通報等になるが、第二次大戦期では、航空機の監視や潜水艦を使って上陸する工作員の潜入阻止もあったと考えられる。

他方、十七年四月、第二段作戦への移行に向け、横須賀鎮守府部隊の軍隊区分が表のように定められている。

直率部隊の第四監視艇隊は三個哨戒隊から成り、各哨戒隊は徴用漁船を監視艇とした約二十隻で編成された。各哨戒隊は本土から六、七百カイリも離れた太平洋上に哨戒線を設定し、本土に迫る敵艦隊

横須賀鎮守府部隊の軍隊区分

部　隊	軍隊区分
直率部隊	横須賀通信部隊、第四監視艇隊の大部
海面防備部隊	横須賀防備戦隊司令官指揮下の横須賀防備戦隊
陸上防備部隊	横須賀防備戦隊司令官指揮下の横須賀軍港警備隊・防空砲台・機銃砲台・海兵団
航空部隊	横須賀航空隊、館山航空隊、第十連合航空隊（霞ヶ浦、筑波、百里原、谷田部、鹿島各航空隊）、第十三連合航空隊（鈴鹿、大井各航空隊）

「横須賀鎮守府戦時日誌」

を監視した。このように太平洋上に設定された哨戒線と海岸部に設置された見張所との二段構えによって、海洋からの敵の本土接近を探知する体制であった。また日本海軍が空母を使って真珠湾を航空攻撃したように、米軍も空母による航空攻撃をしかけてくることが予想された。そこで航空機による哨戒を行うことが検討され、木更津航空隊や横須賀航空隊が、足の長い双発の陸上攻撃機を使って洋上警戒を行うことになった。

開戦直後の十六年十二月十一日、横須賀航空隊と館山航空隊の担当海面を定め、対潜・対空警戒要領を定めた。同時に「横須賀鎮守府航空戦要領」を定め、横須賀航空隊・霞ヶ浦航空隊（第十一連合航空隊）・鈴鹿航空隊の担任空域も設定し、飛行機の配置・待機・発進の要領、航空管制・敵味方識別規程も定めた。さらに「敵艦船攻撃二法」を定め、「有力なる敵海上部隊の我近海に近接する公算大なる場合は、隷下航空部隊の一部を以て捜索、然る後全力を以て攻撃」するとした。

敵航空機の本土侵攻に対する横須賀鎮守府の具体的取り組み

横須賀鎮守府担当空域一覧

空　域	担当航空隊	具体的担当地域
横須賀空域	横須賀航空隊	片貝・蘇我・五井・姉ヶ崎の北方要塞地帯第三区線、同線を西に沿い子安・厚木・秦野・沼津を結んだ線以南
霞ヶ浦空域	霞ヶ浦航空隊	磯浜・笠間・筑波山・水海道・守谷・取手・滑河・八日市場・片貝を結んだ線以東
伊勢湾空域	鈴鹿航空隊	鈴鹿海軍航空隊・第二海軍燃料廠付近上空域

「横須賀鎮守府戦時日誌」

横須賀鎮守府警備地区一覧

警備地区	警備指揮官	警備区域
横須賀第一区	横須賀海兵団長所定	汐入、元町、諏訪、日ノ出，旭町、小川町、大滝町、若松
横須賀第二区	横二警司令官所定	中里町、深田町、安浦、春日町、公郷、佐野、豊島、不入斗、坂本等
横須賀第三区	久里一警司令官所定	荒巻、東・西浦賀、川間、浜町、高坂、鴨居、走水、大津
横須賀第四区	田浦警司令官所定	逸見、長浦、田浦
横須賀第五区	横浜基司令官	船越（横廠造兵部及実験部施設地区）、浦郷（日向）
横須賀第六区	洲崎空横須賀分遣隊長	浦郷（日向等除く）、横浜市磯子区所在海軍施設
横須賀第七区	横三警司令官所定	金谷、池上、阿部倉、平作、衣笠、小矢部、大矢部、佐野
横須賀第八区	久里警司令官所定	久比里、八幡久里浜、内川新田、佐原、久村、岩戸、森崎
横須賀第九区	久里三警司令官所定	野比、長沢、津久井
横須賀第十区	横三警武山派遣隊指揮官	逗子、桜山、新宿、沼間、池子、山ノ根、久木、小坪

「横須賀鎮守府戦時日誌」

は、残念ながら不明である。おそらく艦船用監視網が、敵艦隊だけでなく敵機の見張りもするぐらいしか考慮されていなかったのではないか。陸海軍航空隊の間では、迎撃した場合の同士討ちを避け、効率的航空戦を行うための担当防空空域の調整を行っているように、鎮守府担当空域内の敵航空機に対する具体的方針がなかったはずはない。陸海軍間では、陸軍が本土防空任務の過半を受け持つことになり、海軍は鎮守府周辺空域の防空だけを担うことになった。十七年六月頃、再調整を経て決まった横須賀鎮守府担当空域は表のようである。

まだこの時期には厚木飛行場は建設途上で、航空隊も未編成であった。横須賀及び周辺地域の警備地区・警備指揮官・警備区域は表のように定められた。

警備地区は、軍事施設・部外施設等を掩護し軍機を保護するために設置されたが、鎮守府隷下の兵力で実現するのは困難のため、警察、在郷軍人会、青年団等の協力が不可欠であった。第二区には不入斗の重砲兵連隊、また第三区には馬堀の重砲兵学校がそれぞれ含まれるが、陸海軍が協同して警備する計画であったのか、別々にする方針であったのか明らかでない。

第二節　横須賀鎮守府の任務

昭和十六（一九四一）年十二月八日の太平洋戦争開戦からほぼ一ヶ月後の十七年一月四日、横須賀鎮守府参謀長金沢正夫少将がラバウルの第八特別根拠地隊司令官に転出し、ニューギニア・ソロモン諸島の各地で進む飛行場建設の指揮を執ることになった。この飛行場建設が、やがて日米軍の激突につながるとは誰も想像しなかった。

開戦以来、横須賀鎮守府から数個の陸戦隊が南太平洋方面に派遣され、また艦隊等に糧食や軍需品を補給する輸送船が頻繁に出入りした。軍港内には輸送船に積み込まれる補給品が所狭しと集積され、深夜になっても弱々しい燈火を頼りに忙しく動き回る作業員の姿が見られた。

「横須賀鎮守府戦時日誌」には、輸送船の出港や帰港に関する記述が頻繁に見えるが、例えば、「（昭和十七年二月）二十二日、氷川丸、四艦隊機密第四九四号に依り、人員並軍需品輸送任務のため南洋方面に向け横須賀発」といった記述がある。行き先の記録がないが、井上成美司令長官指揮下の第四艦隊が、グアム・ギルバート諸島・東ニューギニア・ビスマルク諸島・ソロモン諸島で活動しており、この方面のどこかで作戦している第四艦隊に向ったのではないかと推測される。

空母部隊による真珠湾奇襲攻撃に成功した海軍だが、この時から逆に米機動部隊に攻撃される不安に脅かされた。十七年一月一日、「敵航空母艦一、巡洋艦二及駆逐艦数隻を発見」（前掲戦時日誌）の報が入り、横須賀鎮守府は「京浜及横須賀方面の空襲に備へ、敵来寇する場合には速に之を捕捉撃滅」を指示したが、こうした誤報と防空態勢指示は度々繰り返された。このためか、肝心の時に防空態勢は機能せず、四月十八日のドゥーリットル空襲に対して有効な処置が取られなかった。このため防空態勢の見直しが行われ、敵機を発見した際には、無線通信の欠陥を補うために、小原台と小柴から視覚信号（信号弾か）を発することになった。

九月になって「横須賀鎮守府戦時航空管制及飛行機味方識別規程」により航空管制と敵味方識別を定めたが、この時期に、もっとも基本的なこの二つの規程を決めることを、どう解釈したらいいのだろうか。高速で飛ぶ航空機の戦いでは、事前に管制及び敵味方識別要領を決めておき、同士討ちや味方機への対空砲火を避ける措置を講じておくのが最低限の準備だからだ。

だが海軍にとってもっとも頭の痛い問題は、早くも十七年五月頃から本土のすぐ近くに米潜水艦が出没して輸送船の撃沈が相継ぎ、本州沿海の航行すらも危険になったことである。そのため監視艇が米潜水艦に遭遇した場合に備え、爆雷と機銃を装備する処置がとられ、さらに

横須賀鎮守府海面防備部隊兵力部署

区　分	指揮官	兵力	護衛担任区域
直接援護部隊	横須賀防備戦隊司令官	武装商船 4、駆逐艦 8、駆潜艇 3 ほか	由良～室蘭間航路
三陸部隊	二十五掃海隊司令	特掃 6	八戸～小名浜間
東京湾部隊	横須賀防備隊司令	駆逐艦 3，掃特 2、駆潜艇 2 ほか	小名浜～御前崎間
伊勢湾部隊	伊勢防備隊司令	吉田丸、駆潜艇 1、特捕網 1 ほか	御前崎～的矢湾間
熊野灘部隊	二十六掃海隊司令	特掃 4	的矢湾～勝浦間
対潜飛行隊	館山航空隊司令	館山空、松島空、百里原空ほか	

昭和 17 年太平洋沿岸船団護衛実績

5月	37 船団	8月	54 船団	11月	81 船団
6月	41 船団	9月	42 船団	12月	72 船団
7月	51 船団	10月	93 船団		

一千トン以上の一般商船にも武装をすることを決め、陸軍から三百門の備砲の譲渡を受けて、一門当り下士官四名とともに商船に載せることにした。

九月になると米潜水艦の跳梁が一段と激しくなり、撃沈される輸送船が増えたため、大本営は本州東岸航路の通航保護に全力を上げるよう指示した。横須賀鎮守府は、通航保護の一環として三陸方面の航路沿いに四つの対潜機雷礁の設置を進め、十月下旬に作業を終了している。さらに大湊警備隊・阪神警備隊・呉鎮守府所属の駆逐艦や哨戒艇の応援を得て、紀伊水道・東京湾口の警戒、北海道航路に対する護衛を強化した。十一月一日の「横須賀鎮守府海面防備部隊兵力部署」は表のようになった。

表の各部隊は、担任区域を航行する輸送船団の護衛に当った。昭和十七年に、横須賀鎮守府が中心となって行った太平洋沿岸船団護衛の実績を表で示す。

本州沿海の担任区域内の防空、警備、護衛等に当る防備隊や警備隊を内戦部隊と呼んだ。船団が区域外に出ると、外戦部隊である連合艦隊が警備を担当するはずであった。しかし十七年夏頃からニューギニアやソロモン諸島で激戦が続き、連合艦隊はその対応にかかり切りになり、やむなく鎮守府指揮下の内戦部隊が南・中部太平洋のラバウル、パラオ、サイパン方面まで護衛の手を延ばすことになった。もとより内戦部隊の任務は本州沿岸航路の護衛にあり、はるか南太平洋まで担当するには戦力が不十分であり、補給戦で日本が劣勢になる要因になった。

太平洋戦争は、太平洋をめぐる日米艦隊の海戦が主戦闘のようにイメージされるが、むしろ島の争奪戦すなわち島嶼戦の側面の方が強かった。そのために陸軍部隊も太平洋方面に送り出され、海軍陸戦隊も島々に展開した。開戦時から海軍軍令部内には、ニューギニア・ソロモン諸島に進出して米豪遮断をはかろうとする強い企図があった。連合艦隊司令長官山本五十六が進める連続的攻勢主義とは異なる軍令部の企図は、ニューギニア及びソロモン諸島の要衝を奪取し、海軍設営隊が建設する飛行場に陸上攻撃機隊と護衛の戦闘機隊を展開して米豪の連携を遮断し、米軍のオーストラリアを拠点とする反攻作戦を封じ込めようというものであった。

当初、作戦は順調に推移したが、ニューギニアのポートモレスビー進攻、ソロモン諸島のガダルカナル島での飛行場設置に着手したところ、重大な危機を感じた米豪軍が猛烈な反撃を開始し、戦局の転換点を迎えた。各鎮守府で編成された陸戦隊は、米豪軍との戦闘で全滅に瀕し撤収する部隊が相継いだが、その中には横須賀で編成された陸戦隊がいくつもあり、安田義達大佐（戦死して中将）が指揮する横須賀鎮守府第五特別陸戦隊（主力）のニューギニアのブナにおける壮絶な戦いは、山本五十六長官を感涙させ、敵のオーストラリア軍をも感服させたと伝えられる。

陸戦隊は横須賀、呉、佐世保、舞鶴の各鎮守府で編成され、各海兵団が陸戦隊の補充を担当した。上陸作戦時には、鎮守府名の付いた特別陸戦隊で作戦するが、その後、他陸戦隊と連合して特別根拠地隊、警備隊、防空隊等になるため、横須賀編成の陸戦隊の戦績を追求するのがむずかしくなる。ニューギニアやソロモン諸島だけでなく、キスカ島に派遣された横鎮（横須賀鎮守府の略）第五特別陸戦隊（一部）、ギルバート諸島タラワの横鎮第六特別陸戦隊のほか、主に横鎮陸戦隊で編成されたマーシャル諸島メレヨン島の第六八警備隊・第四区防空隊、東カロリン諸島トラック島の第六・第四三・第四六・第八五等防空隊、同ポナペ島第四八防空隊、マリアナ諸島テニアン島の第六警備隊、第七防空隊の諸例をみると、中部・南太平洋の島嶼部にくまなく派遣されたことがわかる。

陸戦隊の行動と重なる部分の多いのが、各鎮守府で編成された海軍設営隊である。設営隊は、飛行場、防禦施設、栈橋、トンネル等の建設に当ることを目的に編成されたが、飛行場建設がほとんどであった。幹部こそ技術将校または海軍技師であったが、土木作業に当るのは徴用工員と呼ばれた土工、鳶職、大工などで、服装が統一されるまで青年団服、印半纏、シャツ、浴衣の着流しまであり、およそ軍隊らしからぬ隊であった。大戦末期になると土木会社をそっくり徴用して設営隊とした事例もあり、横須賀から会社ごと戦地に送られた事例が少ないながらあった。

大戦中、各鎮守府の海軍建築部（昭和十八年八月からは海軍施設部）が設営隊の編成業務に当り、全部で二百三十余隊にのぼっている。内訳は、横須賀鎮守府六十二、呉五十四、佐世保五十三、舞鶴二十八、その他三十五で、激戦地のニューギニア・ソロモン諸島と周辺部（連合軍は南西太平洋方面と呼ぶ）に派遣されたのは三十五で、内訳は横須賀十、呉九、佐世保九、その他七であった。輸送途中で撃沈されたものは、この中に含めていない。横須賀から派遣された設営隊がもっとも多く、それに比例して犠牲者も多かったが、最初の犠牲になったガダルカナル島の二つの設営隊のうち、第十一設営隊は横須賀で編成されている。

公式に記録された設営隊の足跡はほとんどないが、生還した海軍軍医が綴った戦記『バラレ海軍設営隊』を参考にたどってみたい。軍医長補助官の軍医少尉佐藤小太郎が所属したのは、昭和十七年八月二十五日に横須賀で編成された第十八設営隊で、ソロモン方面で活動する第八艦隊に付属することになった。任務は「ガダルカナル飛行場の整備、補修」であったから、同島を占領している米軍を撃退したあとに上陸し、飛行場の整備、補修をさせるつもりであったのだろう。隊は約千人で、乙編成と呼ばれた。隊長は機関大尉尾崎憲彦、施設隊長は技師田中茂実、作業に従事する工員は八百六十六人、「乾隆丸」と「新夕張丸」の二隻に横須賀海軍軍需部から供給された工具類・弾薬類や食糧・衣服類、海軍病院薬剤部からの薬品類を積み込み、編成からわずか三日後の二十八日、まず「乾隆丸」が戦闘機を満載した「極洋丸」と船団を組み出港した。

三日後の七月三十日、護衛の横須賀鎮守府の掃海艇が本土に引き返し、以後は護衛なしの航海になった。つまり護衛を引継ぐべき連合艦隊が来なかったということである。「極洋丸」は足が速く先を急いだため、残された「乾隆丸」は一隻だけで航海し、九月四日にパラオに無事入港した。翌五日パラオ出港、六日目の九月十日早朝、ラバウルに入った。第二十六航空戦隊司令官から「速やかにガダルカナル島に進出せよ」の命令を受け、十二日にラバウルを出港したが、ガダルカナル島での川口支隊の攻撃が失敗したため、急遽、ブーゲンビル島ブインの飛行場建設に当ることになった。

九月十六日にブインに到着し、四日がかりで揚陸作業を終えた。その後、佐世保の第十六設営隊と泥濘湿地帯に滑走路を建設する難工事に従事し、十月初旬に零戦の離着陸試験に成功した。ガダルカナル島をめぐる航空戦がもっとも激しい頃で、ラバウルから一千キロも飛ぶ海軍航空隊が少しでも近い飛行場を渇望していた頃で、ブイン飛行場の概成は一大朗報であった。再びガダルカナル島に派遣されたが、総攻撃失敗の報告が入り、また途中で引き返した。ついでブーゲンビル島の南にあるバラレ島の飛行場建設に従事し、十八年十月末、ニューアイルランド島ケビアンに移動した。十一月一日の記録によると、横須賀出発時の人数は八百六十六人であったのが五百三人になっていた。敗戦をケビアンで迎え、オーストラリア軍が管理するラバウル・トベラの第六集団収容所に入ったのち、二十一年五月中旬に帰還した。帰還者は四百三十人であった。

第十八設営隊は激戦地で丸三年を過ごしながら解隊に至らず、約半数の隊員が帰還できた。横須賀で編成された設営隊の中には、ガダルカナルで壊滅した第十一設営隊のほか、硫黄島で全滅した第二〇四設営隊、サイパンで全滅した第二〇七設営隊、航海中に魚雷を受けて海に沈んだ第二〇六設営隊等があり、多くの犠牲者を出しながらも帰還できた第十八設営隊は幸運な方であったといえよう。

第三節　Ｂ29の空襲を受けなかった横須賀

昭和十七（一九四二）年四月十八日、空母「ホーネット」を発艦した米陸軍航空隊のＢ25中型爆撃機十六機は、それぞれ方向を変えて本州各地に向った。その中の十三番機が横須賀を襲い、三発の爆弾と集束焼夷弾一発を投下した。

Ｂ25は双発で爆弾搭載量一・二トンで、日本の重爆撃機の搭載量はこれより少ない。米陸軍航空隊が使用した四発のＢ17等の重爆撃機は、飛行距離が短ければ六〜七トン、長くても三〜四トンの爆弾を搭載した。Ｂ25より下のクラスがあれば中型と呼べるが、実際にはなかったから軽爆撃機と呼んでもおかしくない。戦後のアメリカの資料に「medium bomber」とあるので中型爆撃機と翻訳したのであろう。Ｂ25の特徴は、軽快な運動性能による超低空爆撃と機関銃を束にした機銃掃射で、南太平洋の日本軍をもっとも苦しめる爆撃機になった。

日本の重爆撃機に相当する米陸軍機が空母から飛び立って来るとは、日本側の誰も想像しなかった。運用的にも不可能と思われたし、仲の悪い陸軍と海軍が協力し合う作戦など思い浮かばなかったのかもしれない。哨戒中の「第二十三日東丸」が米機動部隊を発見したのは、本州から六百五十マイル以上も離れた地点であり、空母艦載機の短い航続距離からみて、攻撃はもっと本州に近づく翌十九日以後になると推定した日本側の判断は間違っていない。ところが飛来したのは予想外の十八日の昼過ぎで、日本の想定を完全に裏切った奇襲攻撃になった。

各機は所定の目標に爆弾を投下して中国大陸を目指して飛び去った。京浜地区を爆撃したものが多かったが、二機が名古屋、一機が神戸を攻撃している。横須賀に飛来した十三番機は、房総半島から観音崎付近を通過して横須賀上空に達し、爆弾と焼夷弾を投下し機銃掃射も行った。三つ目の爆弾が第四船渠に落ち、空母に改装中の「大鯨」の舷側で爆発、五人が負傷した。機銃砲台の銃撃音がこだまして市民は異変を知ったが、米軍機を見た市民は少なかった。

十六機による爆撃は、日本の産業に被害を与えるのが目的でなく、開戦以来、攻勢を続ける日本軍に米軍の強い意志を見せつけ、連勝に湧く日本国民にショックを与え、米国民に自信をよみがえらせることを意図していた。米国内で大々的に報道されたことはいうまでもない。

爆撃が現実のものとなり、横須賀市民がいずれもっと大規模な爆撃があるかもしれないと考えたのは当然である。市内では、市役所防衛課の指導の下に町内会や隣組単位で防空訓練が定期的に行われ、灯火管制の強化がはかられた。昭和十九年夏、米軍がマリアナ諸島サイパン・テニアン・グアムの各島に上陸し、日本軍の反撃が失敗すると、日本国内では、これらの島から飛来するB29による爆撃に備える動きが本格化した。「内務省告示第四十四号」に基づき、十九年七月、都市防衛と重要施設防護を目的とした疎開が実施され、横須賀市内六地区が第一次建物疎開の指定を受け、この地区の新旧の建物が短期間のうちに強制的に取り壊された。疎開は七次にわたって行われ、第一次では五百八棟・一万五千八百五十三坪、第二次では四百棟・五千二百八十七坪が取り壊され、七次までに十七万一千百六十二坪に上っている。

マリアナを発進したB29による本土空襲は十一月下旬から始まるが、初期の頃は高々度から主に航空機工場を狙った通常爆弾による爆撃であった。爆撃集団司令官がハンセルからカーチス・ルメイに代ると、夜間低空からの焼夷弾爆撃に方針を転換し、その最初が昭和二十年三月十日の東京下町に対する空襲であった。これ以降、日本の社会生活基盤を破壊して戦争遂行を不可能にすることを目的とする焼夷弾爆撃が、大都市から中都市、中都市から小都市へと拡大し、日本全土を焦土化していくのである。

他方、マリアナ陥落後、米軍が硫黄島、沖縄へと迫ってくると、米機動部隊も北上し、日本本土近くに出没するようになった。米機動部隊の初期の攻撃は、日本本土からの航空機による反撃遮断を狙ったもので、飛行場や軍事施設を標的にした。機動部隊の攻撃は空母艦載機による空襲だから、爆弾の投下量はB29に比べずっと少なかったが、機銃掃射による鉄道破壊、飛行場制圧に大きな成果を上げた。これとともに、戦艦や重巡による艦砲射撃が行われ、日立・

釜石・室蘭・清水・浜松等の工場群や軍事施設が破壊され、多くの犠牲者を出している。

横須賀市民の誰しも、我が国最大の軍港都市にB29による無差別爆撃があるものと信じていたから、疎開に協力した。しかし横須賀より安全と思われた地方都市に疎開した市民が、そこで戦災に遭った例が少なくなかった。他方、B29の横須賀への爆撃はなく、空母艦載機による艦船攻撃が十数回あったのみで、戦後まとめられた「太平洋戦争による我が国の被害総合報告書」によれば、横須賀市の被害は、死者十七人、負傷者九十人、行方不明なし、全焼二戸、全壊七十戸、半壊二百二十三戸と信じられないほど少なかった。

横須賀がB29の爆撃を受けなかった理由は、米軍内で横須賀爆撃を海軍の担当とする調整があったものの、当事者である米海軍には横須賀に対する爆撃計画がなく、小規模の軍事施設や艦船に対する攻撃が行われただけであった。たまたまいくつかの偶然が重なって、横須賀爆撃計画は具体化されなかったということらしい。本格的な横須賀爆撃がなかった理由について、米軍が戦後に横須賀軍港を使用するつもりであったためという話がまことしやかに巷間に流れてきたが、これを裏付ける記録はない。ドゥーリットル爆撃の際に見せた激しい対空砲火が余韻として残っていたとする説もあるが、それほど米軍は慎重でない。

第四節　戦時下の軍艦建造

米英に宣戦布告を決意した時から、海軍はフル回転で艦船艇の建造に取り組んだと信じがちである。アメリカが開戦後に建造に驀進して巨大な海軍を作り上げ、その圧倒的な戦力で日本軍を追い詰めたことを戦後の日本人はよく知っている。日米の生産力にはあまりに大きな開きがあり、そのために日本は敗北したと大半の日本人は思っている。だが主要な艦船の建造実績を追ってみると、意外なデータが出てくる。

開戦時の保有数を基準にして見ると、開戦後の建造数は消耗の補填にもならなかった。空母だけは互角に見えるが、日本の空母は他艦種や徴用民間船からの改造が八隻に達し、一方、アメリカの空母はすべてエセックス級正規空母であり、戦力的に段違いの差があった。日本の正規空母五隻は、日本の敗色が濃厚になった昭和十九年に登場し、四隻はマリアナ沖海戦後に完成したため、まったく戦力にならなかった。日本の戦艦二隻は「大和」と「武蔵」でたまたま竣工が開戦と重なったもので、太平洋戦争に合わせて建造したわけではない。

こうした数字から見えてくるのは、開戦後の日本は、開戦時の保有戦力で戦うつもりであり、戦争中の建造は損失の一部の補填が目的だったのではないかという推測である。開戦から終戦までの日米の建造数を比較すると、アメリカが日本を圧倒した実態がよくわかるが、この他にアメリカは、日本にない艦種である軽空母九隻、護衛空母七十六隻、護衛駆逐艦四百十二隻を建造しており、日米の差は推計される両国の建造能力の差よりはるかに大きかった。

日本海軍の誇りの源は、日清・日露戦争における勝利にあり、特に日露戦争に範を取る伝統が定着してきた。両戦争は足かけ二年に過ぎない短期戦で、これを模範としてきた海軍は、対米戦もこの程度で終わると考えていたのではないか。二年で終わるとすれば、開戦時の勢力で突っ走るしかない、開戦後に建造しても間に合わないなら、建造しない方が賢明であるという考えになる。開戦後、建造数が上がらなかった根っこには、こうした考えがあったように思えてならない。戦争中、横須賀工廠が手掛けた大型艦の建造は、ミッドウェー海戦後に起工した空母「雲龍」、あとは開戦前から建造中であった空母「信濃」と軽巡「能代」ぐらいの

太平洋戦争期における艦船建造実績

艦種	日本の開戦時保有数	日本の戦時建造数	米国の戦時建造数
空母	9	13	17
戦艦	10	2	8
重巡	18	0	14
軽巡	20	5	34
駆逐艦	112	63	336
潜水艦	64	18	205

（富永謙吾『定本・太平洋戦争』下巻）

もので、あとは損失を補填するように建造した駆逐艦と潜水艦で、果たしてこれが横須賀工廠をはじめとするわが国の全力であったのであろうか。最も建造能力が高いとみられた呉工廠も、開戦直後に完成した「大和」を除けば、軽巡洋艦「大淀」と空母「葛城」の二隻しか建造していない。明治三十八年に「筑波」と「生駒」、三十九年に「安芸」、四十年「伊吹」、四十二年「摂津」、四十五年「扶桑」と、戦艦を立て続けに起工した過去を振り返ると、たった二隻というのはあまりに少なすぎる。

このように戦争中の艦船建造には大きな疑問が残り、その原因を突き止めなければ、太平洋戦争の本質の一角が見えてこないであろう。それはともかく起工した艦船には、その時々で海軍が考えた戦術や戦争観が見て取れるので、代表的艦船の概要と意義について取り上げたい。

「能代」

基準排水量六千六百トン余の阿賀野型軽巡洋艦二番艦である。四艦が建造されたが、横須賀で建造された「能代」以外は佐世保工廠で建造された。「能代」は開戦直前の昭和十六年九月に起工し、十八年六月に竣工した。十四年度計画で建造に着手しているので、昭和初期の艦隊決戦主義が色濃く影響していた。艦の任務は魚雷戦を行う水雷戦隊の旗艦で、艦隊決戦の前に行う漸減作戦のための六十一センチ魚雷発射管八門という駆逐艦並の強雷装を誇り、夜戦のために夜間偵察機の九八式水上機を搭載し、三十五ノット以上の高速を発揮し、個艦として極めて優秀であった。

しかし戦争がはじまってみると、海戦も航空戦によって勝敗が決定され、強雷装を生かす状況は訪れなかった。同じ時期に登場した米海軍のアトランタ級軽巡洋艦は、対艦用主砲の代わりに対空・対艦両用砲と多数の対空機銃で固めた防空強化に徹した兵装を採用し、しかも速力も抑える設計にしたが、艦隊のシステム化された作戦を行うには十分であった。一艦の能力よりも艦隊全体の戦力向上を優先する艦づくりをしたことがわかる。高い技術は艦の能力を高める重要な要素だが、最新のものでもすぐに時代遅れになる。困ったことに技術の進歩が将来にわたってもたらす影響は予測外のことが多く、高い技術力を誇る海軍も、未来予測の難しさをもっとよく理解すべきであったかもしれない。

「雲龍」

開戦直前に空母「飛龍」に準じ、艦橋位置、基準排水量、機関出力等を若干修正して計画されたのが空母「雲龍」である。ミッドウェー海戦で一挙に主力空母四隻を喪失し、急ぎ策定された改⑤（マル五）計画で同型空母を合わせて十六隻を建造することになった。だが終戦までに完成したのは、横須賀工廠が手掛けた㊀（マル急）計画に盛り込まれた「雲龍」のほか二隻、未完で終わったのが三隻という散々な結果になった。完成した艦も空母機動部隊として最後の戦いになったマリアナ沖海戦から二ヶ月後の竣工であったため、一度も実戦に参加する機会がなかった。

十六隻の建造計画は無鉄砲な大風呂敷で、建造に当る海軍工廠や民間造船所の実情を無視して作成されたとしか思えない。惨憺たる結果で終わった原因は、海戦で損傷した艦船の修理に追われたのが直接的理由といわれるが、第三次ソロモン海戦からマリアナ沖海戦までの一年半、大きな海戦が一度もなかったことを考慮すると、この理由には説得力がない。その他、泥沼化した日中戦争で日本経済が疲弊し、太平洋戦争開戦時には資源の確保もままならない状態に追い込まれていたとする説明があるが、これは数字でも裏付けられている。さらに海軍工廠が軍艦建造よりも兵器製造つまり造兵部門に生産の中心を移し、人と資材を集中していたことも原因であったと考えられる。

「信濃」

「大和」型戦艦の三番艦で一一〇号と呼ばれた「信濃」は、横須賀軍港に巨大な六号ドッグまで建設して昭和十五（一九四〇）年五月に起工したが、ミッドウェー海戦後、急遽空母への改造が決定された。それまでにボイラー、主機関が搭載され、中甲板まで工事が進んでいたため、航空機を収容する格納庫を一段しか確保できず、基準排水量が六万二千トンもありながら、搭載機数が二万五千六百トンの「翔鶴」の八十四機に対して、四十七機に過ぎなかった。これでは主力空母になりえず、海戦の際に艦隊の先頭に位置して、後方の空母を飛び立った雷撃機や急降下爆撃機に燃料、魚雷、爆弾等を補給する洋上補給基地的役割が与えられた。敵にもっとも近い位置に進出するため、飛行甲板を鋼板とコンクリートで固め、八百キロ爆弾の急降下爆撃にも耐えられる構造にした。

　昭和十七年秋のソロモン海における日米海軍の激しい戦闘で多くの駆逐艦が損傷し、その修理のため横須賀工廠も新艦建造を後回しにしたため、十八年八月、「信濃」の工事も中断に追い込まれた。数ヶ月後に再開されたが、十九年六月、マリアナ沖海戦で正規空母三隻を喪失した煽りを受け、六ヶ月間を予定した最後の工事を二ヶ月半で終わらせることになった。

　船渠で建造された「信濃」の進水式は、船渠に注水して浮かばせる方法で行われた。船渠の水門に徐々に海水を入れ、船渠の水位をゆっくり上げるはずが、手違いで水門が一気に上がり、海水がドッと流れこんだ。海水に押された「信濃」は船渠の壁にぶつかり、今度は反動で反対に動き出して再び船渠にぶつかる。動きがおさまるのに三時間ほどもかかった。横須賀工廠における大型艦の建造はこれが最後で、その後の最も大きな建造は松代大本営の鉄扉であったといわれる。

フィリピン沖海戦直後の十一月十九日に再竣工し、数日後には零戦、天山、紫電改、彩雲の着艦テストが行われ、すべてがうまくいった。Ｂ29の偵察飛行が連日あり、横須賀上空にも現われていることから、空襲が近いと判断した軍令部は「信濃」の出港準備を急がせ、呉に向って出港したのは二十八日午後一時半、近くの金田湾で日没を待ち航行を開始したが、二十九日午前三時過ぎ遠州灘沖合で米潜水艦の放った四発の魚雷を後部右舷に受け、七時間後に沈没した。日本の艦船には、見かけによらず簡単に沈没するものが少なくなかったが、「信濃」はその最たる事例である。建造技術の観点から原因究明が必要ではないかと思う。

駆逐艦「松」型・「橘」型

開戦後、日米海軍ともに予想外の展開にとまどった。戦艦同士の砲撃戦がなく、航空機を飛ばし合い、相手の艦影を一度も見ないうちに海戦が終わったからである。その後、島嶼戦に発展し、航空戦、補給戦、陸上戦でしのぎを削る戦いになった。

島嶼戦では航空機が大量に消耗され、海上では駆逐艦が活躍し損耗も激しかった。開戦後の米海軍の空母の大量建造は有名だが、駆逐艦・護衛駆逐艦の七百隻以上にのぼる空前絶後の建造には関心が向けられない。一方、日本海軍は、ソロモン沖海戦の教訓から、大型・高性能・強武装の建造方針を転換し、実戦に即した小型駆逐艦の松（丁）型を設計した。昭和十七

（一九四二）年度戦時艦船補充計画（改⑤計画）の第二次追加計画で四十二隻、十八・十九年度計画で三十二隻、合計七十四隻という大量建造を計画した。その後、十七年度計画の四十二隻中十八隻と十八・十九年度計画の三十二隻は、さらに簡易化した橘型（改丁型）に変わった。

松（丁）型は、主力駆逐艦であった甲型と呼ばれる陽炎型・夕雲型の補助として計画されたが、戦訓に基づき対空・対潜兵装に重点を置き、機関の分離配置によって残存性を高め、戦争末期の主力駆逐艦になった。直線の多いシンプルな船形と調達容易な水雷艇用機関、溶接技術の導入等により、最短約五ヶ月間で建造した。高性能を求めてきた伝統を捨て、堅実な性能と量産化しやすい構造を採用した。丁型十八隻、改丁型十四隻が竣工したところで敗戦を迎えたが、新しいコンセプトが間違っていなかったことを立証する時間は十分にあった。

一番艦「松」（二代）は舞鶴工廠で建造されたが、横須賀工廠で建造されたものがもっとも多い。横須賀工廠が竣工十四隻・未成四隻、舞鶴工廠が竣工十隻・未成二隻、藤永田造船所が竣工七隻・未成三隻、神戸川崎重工が竣工一隻という実績であった。太平洋戦争末期に登場したため戦後まで残ったものが多く、特別輸送艦の指定を受けて復員輸送に従事し、その後、十八隻が特別保管艦に指定され、賠償艦として米・英・ソ・中の四か国に引渡された。未成の艦は解体されたが、洞海湾の防波堤になったものが二隻ある。

海防艦第二号型（丁型）

昭和十二（一九三七）年七月一日に実施された艦艇の類別変更により、海防艦の性格が変わり、漁業保護や海上護衛を目的として新造された小型艦艇を海防艦と呼ぶことになった。変更以前は、戦艦や巡洋艦でも旧式化し、沿海防禦が主任務になった艦を海防艦と呼んでいる。日露戦争で活躍した一等戦艦「三笠」「富士」「敷島」、日露開戦直前にアルゼンチンから購入した一等巡洋艦「日進」「春日」等も、旧式化した大正時代に海防艦に類別されている。

昭和十二年度計画で北洋警備を目的に建造された占守《しゅむしゅ》型四隻が、類別変更後の最初の海防艦である。次いで太平洋戦争開戦前に南方と本土とを結ぶ通航路保護のため、十六年度計画で海防艦三十隻の建造が決ったが、その中の十四隻が択捉《えとろふ》型である。北方用の占守型と同様に対潜能力を抑え、水上砲戦と夜戦を重視した設計であった。十六年度計画の残りが本格的航洋護衛艦として建造された御蔵《みくら》型で、計画の三十隻から択捉型十四隻を引いた残りが御蔵型になるが、八隻で建造打切りとなった。南方航路で必要な対潜能力が低かったためである。

御蔵型に代わって登場したのが日振《ひぶり》型で、これも御蔵型と同じ理由で十一隻に止まった。十八年の海上護衛の危機的状況に対して登場したのが航洋護衛艦鵜来《うくる》型で、三十二隻を起工し、二十隻が完成した。強力な爆雷兵装が特徴で、自動装填、短時間の投射など世界の最先端をいっていたが、活躍以前に戦争が終わった。横須賀工廠で建造されたものはないが、浦賀船渠が択捉型三隻、鵜来型九隻を請け負い、鵜来型の半分近くを建造する予定であった。

　鵜来型に次ぐ十八・十九年度計画の量産型航洋護衛艦の二番手が第一号型（丙型）である。丙型の船体に見合うディーゼル機関を調達できないため、低出力エンジンで間に合わせた。出力不足を補うため、戦時標準型A型のタービン機関を搭載したのが第二号型（丁型）で、速力が増した分、海軍のこだわる航続力が低下した。丙型は百三十二隻を計画して完成五十三隻、未成十二隻、丁型は百四十三隻を計画して完成六十三隻、未成八隻で、両型とも十九年から海上護衛の主力になった。大量建造を可能にしたのは生産効率の重要性が認識された結果で、早いものは七十三日、概ね百日余で竣工している。横須賀工廠も丁型を六隻建造している。

　いずれも千トンに満たず、速力も二十ノット以下であったが、海上護衛の任務に必要な対潜・対空能力を備えていた。丙・丁型が登場したのは、中部太平洋諸島を失い、南方資源地帯からの資源の還送路を残すのみになっていた頃である。敗戦までに丙型・丁型を五十隻以上喪失したことからうかがわれるように、多くが最前線で危険な任務についていた。これまで海軍は、大きな艦の派手な姿ばかりに目を向け、海防艦のような小型で地味な艦の活動に関心が薄かった。戦後日本軍が補給を軽視していたと批判されるが、大型艦ばかりに目を向け、海防艦のような小型艦を軽視することが、補給軽視にもつながっていたことに気づいていない。

水中特攻兵器「海龍」

両舷に一基ずつ魚雷を取り付けた二人乗り小型潜水艇で、本来は特攻兵器ではない。密かに敵艦に近づき、魚雷を発射して逃げ帰ることを目的とした潜水艇であった。この構想に対して山口県の光海軍工廠の魚雷担当者から、「海龍」を大量生産しても魚雷がないと反対されたが、軍令部はこれを無視して横須賀工廠に計画を進めさせた。

間もなく魚雷の調達ができないことが明らかになり、頭部の燃料タンクに爆薬を詰め込み、敵艦に突っ込む特攻兵器に変わった。「SS金物」と呼ばれ、横須賀工廠では二十年四月から生産に入り、「海龍」という立派な名が付けられた。五月末、完成した「海龍」を特攻部隊に引き渡すことになり、工廠から田浦の水雷学校へと向かったが、その僅かな間に沈没した。

ただちに救助作業が開始され、潜水夫が海中の「海龍」を見つけ、ハンマーで叩くと応答があった。起重機で引揚げにかかり、水面まで揚げたところで起重機船が揺れてワイヤーが切れ、艇は再び海中に没した。再びやり直し、艇を工廠の岸壁に据え終えた時には、二人の搭乗員はすでに死亡していた。第六潜水艇の佐久間勉艇長のように記録を残してくれたおかげで、冷却水のバルブ漏れが沈没原因であることが判明した。

「海龍」の生産は計画通りにはいかなかった。資材や部品の調達ができなかったからである。仮に生産が進み三十、四十隻が揃っても、水中速力がわずかに三ノット、航続距離が短く、敵艦への接近さえおぼつかないようでは、戦果を上げることは期待できなかった。それでも突撃隊は「海龍」の秘匿施設の建設に邁進し、未完成の中に敗戦を迎えた。

第五節　米軍の占領と横須賀鎮守府の廃止

昭和二十（一九四五）年八月三十日、米海兵隊が横須賀海兵団及び追浜の海軍航空隊、英軍が猿島に上陸してきた。これに先立ち、占領軍との無用の摩擦を避けるためにも、また国内の復興のためにも、復員を急ぐに越したことはなかった。なお召集した軍人の服役を解くことを一般には復員と呼ぶが、海軍はこれを陸軍用語と思ったのか、「解員」という言葉を使ったらしい。

八月二十一日、六項目からなる海軍軍人の第一段解員に関する通達が、海軍大臣から横須賀鎮守府等の海軍機関に発せられた。一項の(イ)は解員の順序を定めているが、それによれば、召集兵を先に行い、つぎに現役の徴兵、志願兵の順で解員するとし、その際、社会の指導的地位にある者、農林・水産・運輸業の者、通信業・鉱山業の者、土木・建築業の者、科学技術者、語学堪能者を優先するとし、戦後復興のために解員を急いでいたことがわかる。前項の者については、解員期日を九月一日付とするが、期日前に速やかに現勤務庁より直接帰郷させる措置を取り、士官の解員は海軍大臣、特務士官・准士官・下士官・兵の解員は鎮守府長官が期日を定めるとしている。そのほかに通達は、進級と給与の支払いについて定めている。

この通達に従えば、八月三十日に米英軍が上陸したとき、召集兵の解員が進行中で、士官・下士官等の課員はこれからという状態であった思われる。バッジャー海軍少将が、戸塚道太郎横須賀鎮守府長官から横須賀基地（軍港及び周辺施設）の引渡しを受けた際には、まだ相当数の海軍将兵が残って残務整理にいそしんでいたとみられる。引渡し手続きの終了が、実質的な横須賀鎮守府の終焉である。このあと戸塚道太郎長官は久里浜の通信学校に事務局を移し、十一月二十日まで残務整理に当たった。残務整理を続ける鎮守府の終焉は十一月三十日、翌十二月一日に海軍省に代わる第二復員省が発足した。戸塚が十一月二十日に予備役になったあとの十日間は、参謀長の古村啓蔵少将が長官代理をしている。現実に照らせば、疑いもなく戸塚が最後の横須賀鎮守府司令長官だが、形式にこだわれば古村という解釈もありえよう。

米軍への引渡しを終え、通信学校に移った戸塚長官は、将兵の解員を進める一方、米軍の指示にしたがって武装解除、諸施設の引継ぎと米軍が使用する際の支援、掃海作業の継続等を行わねばならなかった。武装解除は、鎮守府側が作成した武器弾薬に関する財産目録と現物との照合、武器弾薬の海中投棄・爆破、航空機の焼却等までの一連の作業から成る。また基地引渡し後、水道施設、電気系統、ボイラー等のライフラインだけでなく、工廠の機械類、大型クレーン、ドック、燃料タンクなどの諸施設の使用には鎮守府側の協力が必要であり、米軍が円滑に利用できるように引継ぐのが残務の一つであった。戸塚長官が通信学校に事務局を置いて采配したのも、米軍の希望や要請に応じて専門家を派遣し、日米間に生じる摩擦を解決することであった。

戦争中、浦賀水道や米艦隊の来航が予想される海域には、海軍が敷設した機雷のほか、米軍がB29を使って敷設した機雷が残った。米軍の機雷は感応機雷で、その処理は極めて厄介であった。米第五艦隊に設置された司令機関の計画に基づく掃海作業は、日米共同作戦のような様相を呈した。横須賀防備隊は、東京湾ばかりでなく九十九里沖、宮古沖、八丈島、御前崎沖方面の掃海を担当した。瀬戸内海ほど危険性はなかったものの、掃海の成否が首都復興に直結するだけに、作業に当る者たちは必死であった。なお防備隊は鎮守府とともに廃止され、新たに横須賀地方掃海部と掃海支部が設置され、掃海作業の日本側の中心機関になった。

「神奈川新聞」の二十年十一月十四日付に「軍は満腹、民は空腹」という見逃せない記事がある。内容は、食糧事情が特にひどい鎌倉・逗子・三浦方面のために、神奈川県食糧営団横須賀地区事務所が東北地方から配給用米四万俵を買付け、敗戦直前の八月初めに到着したところで海軍当局に差し押さえられ、泣き寝入りになっているというものである。終戦後、ほんの少しだけ返還されたが、大部分は行方不明になってしまったといわれる。新聞も敗戦を待って大っぴらに報道したにちがいない。海軍当局が具体的にどこを指すのか不明だが、横須賀鎮守府終焉に際して、黒い噂が残ってしまったのは何とも残念である。

第九章

引揚援護活動と海上自衛隊の発足

浦賀引揚援護局　米国国立公文書館蔵
横須賀市自然・人文博物館提供

第一節　引揚と浦賀引揚援護局の支援活動

太平洋戦争が終わったとき、戦地と呼ばれた海外に約三百三十万の日本軍将兵が取り残された。ＧＨＱは早期の帰還方針を明らかにし、日本政府に受入れ体制の準備を命じた。陸海軍は昭和二十（一九四五）年十一月末に廃止になったが、連合国の中には、日本に帰還するまでは軍組織を残しておくよう指示した国もあり、内地の陸海軍廃止日が戦地では軍の解体日にならない場合が多かった。このため戦地で敗戦を迎えた将兵にとって、日本に帰還し復員手続きを終えた時が「軍の解体日」であった。なお一般的に、日本に帰還する将兵が乗り込んだ船を復員船と呼んだ。

戦地やその近くには、三百三十万ほどの邦人（民間人）もいた。移民の国・アメリカはこれに寛大で、邦人を移民と見なし、現地に留まる意思があれば容認する方針であったとみられる。ところが邦人の大多数は国策で海を渡った者たちで、現地に骨を埋める意思はなく、敗戦の報を聞くと、一斉に引揚げのために動き出した。彼らを引揚者、帰国のために乗った船を引揚船と呼んだ。

帰還の事務手続きは、陸軍将兵には陸軍省から変わった第一復員省（局）、海軍将兵には海軍省から変わった第二復員省（局）の出先機関が当り、邦人引揚は内務省の出先機関である所在の県庁が当ることになった。三つの役所がそれぞれの縄張りを守って手続きを行う典型的縦割り行政となるため、さすがのＧＨＱも腹に据えかねたのか、二十年十月十二日に「引揚に関する中央責任官庁を決定せよ」という厳しい通告を発した。慌てた日本政府は主管を厚生省とし、これに引揚援護課を設けて中央機関とし、出先には地方引揚援護局を置くことにした。この結果、復員業務も引揚業務の一環となり、「引揚」は軍人・民間人の別を問わない海外から日本への帰還、その全体や業務・手続きを総称する言葉になった。

引揚事業はＧＨＱの強い指導の下で行われたが、関与したのは参謀第三部引揚課（別名ハウエル機関）、参謀第二部日本連絡部（マンソン機関）、米太平洋艦隊日本船舶管理部（ベアリー機関、スキヤジャップ）、それにヴァンス・マレー大佐が率いた公衆衛生福祉局（ＰＨＷ）であった。引揚の優先順位、引揚規模、配船計画等の策定はＧＨＱの関係機関が分担し、上陸する港湾の選定は参謀第三部引揚課が行った。選定された港湾は、博多、佐世保、舞鶴、浦賀、仙崎、大竹などで、例えば日本側が選んだ静岡県清水港はＧＨＱに一蹴されて浦賀になった。

引揚地への配船、途中における燃料や水の補給、出港地への日本兵や邦人の集結、危険地帯における護衛等はＧＨＱの命令と責任に基づいて行われ、引揚船からの故国上陸もＰＨＷの許可が絶対であった。日本側がすることは、引揚船を運航させ、上陸した兵士、一般邦人の帰国手続きと再出発のために故郷や新開地に向かうまでの世話であった。このほか戦争中に日本に連行され、強制労働に従事させられた外国人を本国に送り返す「送出」も含み、引揚に比べ人数は少なかったが、戦勝国側になった外国人の我が儘放題に関係者は神経をすり減らされた。

ＧＨＱは伝染病持ち込みに対して極度に神経を払い、ＰＨＷを指導機関として、引揚船が来てもこれを港外にとどめ、保菌者がいないか徹底的に調べ、もし見つかれば、検便で菌が出なくなるまで上陸を一切認めなかった。このお陰で、引揚が終了するまで国内に伝染病が持ち込まれることはなかった。大半の日本人が栄養失調状態で、しかも鮨詰めの居住環境下では、一度伝染病が流行すればおびただしい数の死者が出るのは避けられなかっただけに、ＧＨＱがとった厳しい方針が日本を救った一助として記憶しなければならない。

上陸地の近くに鎮守府の施設があったのは、単なる偶然ではない。帰還者を収容し、復員・入国等の諸手続きや郷里・開拓地に向う身支度を準備させるために数日間を過ごしてもらう宿舎、その間に食糧や新しい衣服等を支給できる備蓄も必要であったからだ。灰燼になった国内には、一ヶ月間に三、四十万にものぼる帰還者に宿舎や食糧を提供する余力があるはずもなかったが、軍港周辺には無傷の海兵団廠舎や多目的建物等が残っていたほか、諸々の物資を備蓄していた鎮守府軍需部倉庫があった。とくに鎮守府軍需部倉庫には、国民が喉から手が出るほど欲しがっていた米や生活用品等が山のように蓄えられていたといわれ、敗戦直後、一夜にして米がすべて消えてしまったとか、毎夜トラックが倉庫に入って缶詰の箱を持ち出したという類の噂が絶えなかったのも、最後に残った唯一の宝の山だったからであろう。

浦賀が引揚港に決まったのは昭和二十年十月で、早速陸軍は関東上陸地支局を開設し、馬堀海岸の陸軍重砲兵学校に馬堀収容所、不入斗の陸軍重砲兵連隊に横須賀収容所を設置し、海軍は久里浜の海軍工作学校を海軍復員所とし、神奈川県は一般邦人のために鴨居の浦賀造船徴用工員宿舎に事務所及び収容所を設置したが、GHQの指示で厚生省が設置する浦賀引揚援護局に一本化することになった。最初本部を浦賀造船所内事務所に置いたが、二十年末に海軍工作学校跡に移転し、二十一年一月四日に新庁舎合同開庁式を行った。海軍工作学校跡は、道路を挟んで平作川に面する現在の横須賀総合高等学校、海上自衛隊久里浜宿舎があるあたりである。

浦賀に入った最初の引揚船は、二十年十月七日、ミレー、ヤルート、マロエラップ等の南太平洋の諸島に残された陸海軍将兵二千四百六十八名を載せた「氷川丸」であった。ついで十二日に「橘丸」がウェーキ島、十九日には「第一大海丸」等が南鳥島を始めとする中部太平洋及び小笠原諸島の陸海軍将兵合わせて一万三千七百五十名を載せて帰港、これ以後、二十二年三月まで入港が続いた。表は二十年十月から二十二年三月までの浦賀における引揚収容者数状況

浦賀引揚援護局収容者数の推移

年月（昭和）	収容者数	年月（昭和）	収容者数	年月（昭和）	収容者数
20.10	13,750	21. 4	70,601	21.10	4,755
20.11	48,356	21. 5	55,347	21.11	11,229
20.12	70,248	21. 6	95,761	21.12	7,404
21. 1	63,230	21. 7	47,850	22. 1	308
21. 2	31,439	21. 8	24,125	22. 2	6
21. 3	20,191	21. 9	19	22. 3	5

（『揚援護の記録』引揚援護庁）

浦賀引揚援護局送出者の国・地域別一覧

朝鮮人	2,540 名	インドシナ人	7 名	三宅島出身	22 名
台湾人	11,016 名	南洋諸島人	47 名	小笠原島出身	125 名
独人	1,069 名	奄美大島出身	374 名	沖縄県出身	1,898 名
伊人	157 名	八丈島出身	607 名		

（『浦賀引揚援護局史』上　引揚並に送出概況）

である。

合計収容者数は五十六万四千六百二十四名で、博多、佐世保、舞鶴に次いで四番目であった。このほか六万四千五百六十八柱の遺骨を受入れ、遺族のもとに引渡している。遺族に引渡されるまでの間、遺骨は浦賀の乗誓寺、久里浜の長安寺に安置所を設けて供養した。

浦賀引揚の特徴は、米軍と激戦が行われた南・中部太平洋からの引揚が多く、長期間補給を断たれて極度の飢餓状態に陥っていた将兵、三年にわたってニューギニア戦を戦い抜いた将兵、南太平洋諸島やブーゲンビル島からピエズ島、ファウロ島に収容され、悪性マラリアに冒された将兵などが含まれ、担架で運ばれ病院に収容された者が少なくなかったことである。例えば、敗戦後、ナウル島海軍警備隊はピエズス島に収容された時には百三十名であったが、引揚船に乗船した時には飢餓とマラリアのために僅かに三人になり、二人が故国を前に死亡している。またムッシュ島に収容された第十八軍将兵は半年間に四分の一が死亡し、二十一年二月に「有馬山丸」で帰還した時には、歩行出来る者はほとんどなく、みな土色の肌をして生気を感じさせなかった。周辺の病院から外套、毛布、担架を掻き集めたがそれでも足りず、北風が吹きすさぶ浦賀の岸壁で絶命する者もいた。

他方で敗戦を北米大陸やヨーロッパで迎えた外交官、商社駐在員等とその家族も、浦賀に帰ってきた。健康体であるのは無論のこと、服装も身だしなみも立派で、何より携行する荷物の多さには援護所員たちも驚いた。乳児がいることを知らされていた援護所側は、あらかじめミルクを用意して待つといったように気をつかった。

外国人を出身国に送り出す「送出」は、各援護局を困惑させた業務であった。大日本帝国の下で被支配者扱いであった者が一転して勝者となり、「金銭の不当の強要或は倉庫格納物品の強奪」が頻発したが、「本業務の重要性に鑑み隠忍を重ね」（『浦賀引揚援護局史』）なければならなかったからだ。昭和二十五年二月までに、右の者たちを含めた全国からの送出者の合計は百一万百四十一名にのぼるが、そのうち浦賀援護局の内訳は表のようであった。

浦賀の送出者は他の援護所とは大きく違い、首都に近く、横須賀鎮守府時代から太平洋方面との係わりが強かった痕跡がうかがえる。特徴として、大陸の中国人がなく朝鮮出身者も少なかったこと、台湾人送出者が全国の三分の一近くを占めるほど多かったこと、同盟国の独伊の送出者が多かったこと、米軍施政下になった奄美・八丈・三宅・小笠原・沖縄等の島々に戻る者が多かったこと等が上げられる。勝者になった送出者が比較的少なかったことが救いであった。

二十一年四月五日に中国広東方面から入港した引揚船にコレラ患者が見つかり、これから二ヶ月間、あとから入港する船も含めて上陸が禁止された。沖合に二十四隻もの引揚船が列をなし、乗船中の八万七千六百八十七名は浦賀の町並みを眺めながら海上で隔離生活を送らねばならなかった。厚生省の伝染病専門家、東京・横浜方面の医学研究者・医師・東京帝大及び慶應義塾大の医学生・日赤救護看護婦らが動員され、我が国で最大規模といわれる防疫活動が展開され、四月七日から三十九日間に死亡した患者が三百三十一名にのぼった。新聞が「コレラ都市」などと報じたものの、さいわい市街地への伝染は食い止められた。

無事に故国の土を踏んだ者は、米兵による手荷物検査を受けたのち、衣服の消毒、予防接種、健康診断を経て、指定された援護所に向った。当初、浦賀の援護所は三箇所であったが、引揚者数の増加に伴い増設され、最盛期には久里浜援護所（海軍工作学校）、同第二援護所、同第三援護所、横須賀援護所（陸軍重砲兵連隊）、鴨居援護所、池上援護所（海軍工員宿舎）、馬堀援護所（陸軍重砲兵学校）、中台援護所（浦賀船渠工員宿舎）の八箇所を数えるに至った。上陸地より援護所までは自動車か電車で移動したが、馬堀援護所だけは徒歩での山越えになり、やせ細った南方からの将兵にはこたえた。他の上陸地では、収容所へと歩く帰還者に近傍の婦人会が茶の接待をして感謝されたという記録があるが、なぜか浦賀・横須賀にはこうした伝聞がないだけでなく、浦賀が有数の引揚地であったという記憶も薄いのはなぜだろうか。

援護所で数日間を過ごす帰還者は、久しぶりに風呂に入り、新しい衣服を支給され、なつかしい故国の食事を楽しんだ。国内が半飢餓状態の中で、出された食事も質素なものであったはずだが、連合軍の収容所でも飢餓から救われなかった者には、ご馳走に思えたのだろう。

滞在中、最初に受け取ったのは、国内での諸権利が発生する復員證明書・引揚證明書のほか給与通報・罹患證明書・交換許可證などで、規定額以上の現金・證券・軍事郵便貯金通帳・（普通）郵便貯金通帳等は、海運局、税関の係官に一旦預け、帰郷後に受け取ることになっていた。だが受け取りが遅れ、その間の猛烈なインフレで貨幣価値が急減し、受け取りを放棄した者が多かった。兵士は俸給支払證票・連合国労務報酬證明書等を援護所に提出して、未支給の給与、捕虜収容所で働いた報酬を受け取れたが、一般邦人にはなけなしの現金や證券を手放し、反古にせざるをえない者が少なくなかった。なお国家からは、支度金として軍人には階級別の帰還時交付金、一般邦人には援護金が支給され、当座の費用をまかなうことができた。

軍人は家族を残して出征しているから、家族が無事であれば帰るところがあった。家族ぐるみ海外に出たものが多かった一般邦人の場合、富裕な縁故者があればともかく、大多数は新たな道を探して援護所の斡旋する開拓地や就職先に向っている。サイパン島やパラオ諸島から帰還した沖縄出身者の中には、逗子沼間の海軍工廠宿舎に入り、漁業を志し、援護所の口利きで漁業組合への加入と漁船・漁具の貸与を申請した例がある。また入植を希望する人たちに対して横浜金沢郷、習志野廠舎、土浦海軍第一航空廠、沼津海軍工作学校、鈴鹿海軍工作学校等を勧め、すぐに農作業に着手できる支援をしており、援護所の活動は広範囲であった。

行き先が決まった者は、復員乗車票・弁当引換券を受領し、最寄りの乗車駅に向った。久里浜援護所・池上援護所は国鉄（現ＪＲ）の久里浜・衣笠・横須賀の各駅、横須賀援護所・馬堀援護所・鴨居援護所・中台援護所は東京急行（現京浜急行）の湘南久里浜（現在の京急久里浜）・浦賀・馬堀海岸・横須賀汐留（現在の汐入）の各駅が乗車駅に指定された。引揚全体としてみれば、西日本に上陸して東に向う者が圧倒的に多かった中で、横浜駅で乗り換えて九州・四国・中国地方に逆行する者がいた。

浦賀を戦後の新しい人生の第一歩にした帰還者が五十六万名もいたにもかかわらず、この人達から横須賀市街の様子や援護所で受けた親切にまつわる逸話や懐古談を耳にすることがない。横須賀市民が冷淡でも不親切であったわけでもない。ざっくばらんにいえば引揚地としてはもっとも都会的で、人に接するにも都会的であったということではあるまいか。

第二節　海上自衛隊の発足

敗戦国日本に上陸したのは、近畿・西日本にクルーガー大将の米第六軍、東日本・北日本にアイケルバーガー中将の第八軍であった。両軍ともマッカーサーの指揮下でニューギニア、フィリピン戦を戦った精鋭軍で、もし日本が降伏しなければ、第六軍が鹿児島県志布志湾に上陸し、その後、第八軍が相模湾辻堂海岸に上陸することになっていた。

占領開始直後の昭和二十（一九四五）年暮、昭和十七年夏からはじまったニューギニア戦以来、戦いに明け暮れた第六軍は、米軍の帰国順位決定法に従うとすぐに帰国できる点数に達していたため、上陸して三ヶ月もしない間に順次帰国を始めた。第六軍のあとの補充がむずかしいと知ったマッカーサーは、中国の蒋介石に占領軍の派遣を要請し、蒋介石から約五十万の中国軍を送る約束を伝えられた。しかし折から国共内戦が激化し、この実行が困難になったため、やむなくマッカーサーは、第八軍の部隊を引き抜いて近畿や西日本に配置せざるをえなくなった。このため四十五万近かった占領軍は、二十一年春になると半分以下の二十二万に激減することになった。

現場を指揮するアイケルバーガーは占領軍の戦力に強い不安を感じ、日本の警察力増強を繰り返し求めた。彼は二十三年に帰国するが、帰国後も米国政府に対して日本の警察力増強の必要性を主張し続けた。朝鮮戦争の勃発直後、日本国内にいる北朝鮮系住民が米軍の二倍近い現実を前にして、急遽警察機構の外枠に警察予備隊を設置して対応することが決まった。

日本占領後、極東における中国とソ連の軍事力にまったく脅威を感じなかった米海軍や二十二年に創設された米空軍は、日本の海と空の安全保障について真剣に考慮しなかった。これを一変させたのが、朝鮮戦争におけるソ連製のヤク戦闘機やミグ戦闘機の予想外の活躍と、北海道周辺で米軍機がソ連機に撃ち落とされる事件などから受けた強い衝撃であった。これ以降、米軍はソ連軍や中国軍の航空機や艦船の動向に注意を向けるようになった。

GHQは警察予備隊と均衡を取るため、海上保安庁を強化する方針を示した。ついで第二次大戦中、武器貸与法によりソ連に貸与され、戦後返還されて横須賀港内に赤くさびた姿をさらしていたフリゲート艦十八隻と、任務もなく各地に漂泊に近い状態に置かれていた上陸支援艇（LSSL）五十隻を供与したいと伝えてきた。日本政府は内閣直属の秘密組織であるY委員会を設置して受入れ方を検討し、海上保安庁の外枠に海上警備隊を設けて供与艦艇を引受け、運用する計画を固めた。米海軍が中ソの軍事力を見直すようになってからも、まだまだ海上警備隊に対する指導には消極的で、供与した艦艇が東京湾外に出ることも認めなかった。

二十七年四月二十六日、海上警備隊が発足した際、唯一の地方監部が横須賀に置かれた。田浦の旧海軍水雷学校の建物を使用し、六月十八日に開庁式が行われた。海上警備官及び職員を合わせた定員は六千余名で、大半が横須賀に居住した。横須賀地方監部長の下に船隊司令、技術部、経理補給部、警備部、総務部が置かれ、一代で終わった横須賀地方監部長にY委員会の委員で元海軍大佐の吉田英三《ひでみ》が就任し、第三船隊群司令も兼ねている。

海上警備隊は、警察予備隊に匹敵あるいは同格の機関として設けられたことは間違いない。両者が並立したところで、二十七年八月一日、国家地方警察と海上保安庁から警察予備隊と海上警備隊とをそれぞれ切り離し、この二つを新たに設置される保安庁の下に置く改革が実施された。この結果、警察予備隊は保安隊に、海上警備隊は発足からわずか三ヶ月余で航路啓開部とともに保安庁に移管されて警備隊となり、横須賀地方監部は横須賀地方隊に、横須賀地方監部長は横須賀地方総監に改まった。

航路啓開とは機雷掃海のことで、戦争中、日本軍が敷設した機雷や米軍のB29が投下した機雷を掃海し、航行の安全を取り戻すために不可欠の作業であった。日本海軍の繋維機雷の掃海は容易であったが、米軍が投下した感応機雷には、船の通過に伴う物理的現象を捉えて爆発する水圧機雷、磁気機雷、音響機雷の三種があったが、いずれも内蔵されたバッテリーが切れると無害になるはずであった。ところが磁気機雷だけは、電源がなくなったあとも、鉄製の船舶が通過すると発生するわずかな電流で目を覚ますものがあり、戦後も稀に爆発を起こしたため、航路啓開作業がいつまでも続くことになった。

警備隊の発足時、唯一の地方隊であった横須賀地方隊は、船隊以外の船舶、練習隊、西部航路啓開隊、函館航路啓開隊、横須賀航路啓開隊、船隊から構成され、横須賀地方隊隷下の西部航路啓開隊には、呉航路啓開隊、大阪航路啓開隊、徳山航路啓開隊、下関航路啓開隊、佐世保航路啓開隊を置いたから、地方機関の大半が横須賀地方隊の下にあったということになろう。

二十八年九月十六日に各航路啓開隊が廃止され、新たに佐世保地方隊と大湊地方隊が設置され、また横須賀基地警防隊及び呉地方基地隊が編成されたが、廃止された航路啓開隊の舟艇及び要員は新設の隊にそれぞれ配備された。なお地方総監部発足時から旧水雷学校を使って事務をとってきたが、十月十九日に横須賀鎮守府旧港務部の建物に移っている。

昭和二十九年七月一日、中央機構として防衛庁が設置され、警備隊は海上自衛隊として新たに発足、これに伴い警備隊横須賀地方総監部も海上自衛隊横須賀地方総監部に改称された。初代総監には、海上警備隊横須賀地方監部長であった吉田英三がそのまま就任している。編成は第四警戒隊、館山航空隊、横須賀基地警防隊（第一掃海隊、剣崎警備所）だけで、警備隊時代に隷下に置いていた諸機関のうち、地方にあった機関は新たに設置された地方隊等に移管され

海上自衛隊横須賀地方総監部

た。海上警備隊及び警備隊時代における横須賀の地方監部及び地方隊は全国唯一の機関であったが、一地方的機関へと任務と性格が変わったということができよう。

横須賀地方隊の警備区域は、岩手県から三重県までの太平洋岸で、沖ノ鳥島を除く東京都の島々も含まれている。保安庁時代、舞鶴地方隊の警備区域以外をすべて担当していたが、二十八年九月の大湊地方隊と佐世保地方隊の設置によって大幅に縮小し、防衛庁の開庁とともに呉地方隊が設置されると、さらに縮小した。

昭和三十年代になると、横須賀地方隊に所属する機関が年々増えていった。三十年五月に横須賀通信隊が編成され、同十二月には横須賀水雷調整所が設置された。三十三年四月には、基地警防隊に横須賀防備隊が新設され、哨戒艇七隻からなる第一港湾哨戒隊を指揮下に置く一方、剣崎と観音崎に警備所を設置した。三十四年六月に基地警防隊を警備隊に改称し、防備隊を警備隊から分離して独立の隊とした。警備隊はその後拡充され、陸警隊・港務隊・水中処分隊・観音崎警備所から形成されるに至った。また教育面でも、武山に横須賀教育隊を開設し、初任海曹講習教育、その後に採用された婦人海上自衛官の教育にも当たった。三十二年三月、八戸航空隊が編成された際には、数年間、横須賀地方隊の隷下に入っている。

横須賀鎮守府は、巨大海軍工廠を有して艦船の造修を行い、潜水艦教育以外の術科教育をすべて担い、海軍内でも特別な存在であった。しかしアメリカの賠償政策によって海軍工廠の建艦能力が剥奪された一方、戦前、巨大な教育装置と化していた横須賀には海上自衛隊第二術科学校が残るのみで、横須賀鎮守府と横須賀総監部・横須賀地方隊は概ね同じ場所にありながら、似て非なるものの如くである。

明治初期、我が国で最重要な東京湾口を扼す国防の要衝とされた位置づけは、今日の航空機や飛翔体兵器の発達によって薄れてしまった。だが海洋の安全保障にとって各種艦艇の軍事的価値が続く限り、軍港横須賀の価値が薄らぐことはあるまい。海軍が七十年以上をかけ、莫大な予算をつぎ込んで築き上げた巨大な軍港施設は、今日といえども容易に建設できないものであり、それだけに横須賀のもつ機能に大きな変化はないと思われる。

あとがき

長野県生まれの筆者が、はじめて横須賀軍港を見たのは中学三年の修学旅行の時である。今からちょうど六十年前である。あまり大きくない同じ型の軍艦が湾内にところ狭しと並んでいたのを覚えている。まだ艦種の分類もできない頃だから、これらが駆逐艦だったのかＰＦとも呼ばれたフリゲート艦だったのか確かめようもないが、もしかすると、戦時中、武器貸与法でソ連に供与された艦が返還され、米海軍がその処置に困っていたものかもしれない。

五月の日差しの下、軍艦の居並ぶ偉容が脳裏に焼き付けられたが、軍艦の色が今日よりも白っぽかった印象を持っている。後年、海軍艦艇の色を調べた時、日本海軍の公文書に「鼠色」とあるのを見つけたが、米海軍艦艇の色に関する公文書は未だに見つけられず、そのため六十年前に見た色と今日の色が変わったのか分からないままである。こんな少年期の思い出を引きずっている筆者が、『横須賀鎮守府』を執筆しようとは、人生の不可思議とでもいおうか。六十年間の怠慢をさらけ出すことに些かの抵抗がないわけでなかったが、有隣堂出版部からお話をいただいたとき、この企画の意義に賛同してお引き受けした。

というのも「海軍鎮守府」は見慣れた歴史用語だが、これを正面から取り上げた冊子も、書名に「鎮守府」が入った図書も見当たらないからである。むしろ意外とでもいうべきだが、これが現実である。陸軍史でも、地域との強いつながりのある連隊の歴史は、私家版も含めて相当数出ているが、その上の機関である師団の歴史となると激減する。海軍にしても戦艦・空母・重巡等の個艦の歴史はあるが、それを束ねる艦隊・戦隊になると幾らもない。師団とか艦隊はいわば連隊や個艦の集合体で、将兵は連隊や個艦に強い帰属意識を持つために、歴史の編纂もそれに強く引きずられたのだろう。もっとも「連合艦隊」だけは少し違うが、その内容は司令長官や作戦に焦点が当てられ、必ずしも連合艦隊の歴史を取り上げているわけでない。

鎮守府の歴史書がなかった理由も、師団や艦隊の理由と多くの点で共通している。しかし鎮守府は、その軍港が横須賀、呉、佐世保等地域の重要な一部になっているため、地域史の中で取り上げられ、それなりの成果を上げてきた。だが鎮守府を地域の一部として捉える限り、鎮守府の全体像を描けないだけでなく、地域と関係なく塀の内側（軍港内）で行われる海軍中央の施策と密接に絡む鎮守府の諸業務や組織制度の変遷等まで扱われることは少ない。

本書では、横須賀鎮守府を主語に、海軍中央の政策や世界情勢の下で、横須賀鎮守府がどのように行動し変化してきたか、無論地域と関係があればそれにも触れながら、横須賀鎮守府の歴史と意義を明らかにしようとつとめた。また鎮守府の歴史書としては、はからずも第一号の重責を担うことになり、どのように構成し、どう書くかは、つぎの世代の鎮守府史にも影響するのではないかと考え、時間をかけて慎重に取組むつもりでいた。

だがお話をいただいてから、二ヶ月ほどで脱稿した。横須賀市の市史編纂に従事してから幾らも月日が経ていなかったため、老体の頭脳でも、目を通した資料の記憶がまだ残っていたからである。但し、あまりに手早くやり過ぎたために、もっと構成に時間をかけるべきあったとか、語るべきことを網羅していないのではないかといった反省や不安が残っている。ただ大きな組織を隅から隅まで描くことは不可能だし、そんな必要もないとも思っている。本書によって、読者諸氏が、横須賀鎮守府がどのような組織で、歴史上に残してきた足跡と意義を幾分なりとも理解し、さらに鎮守府あるいは海軍に対して関心を向ける機会になれば、筆者にとって望外の喜びとするところである。

平成二十九年三月

参考文献

山崎三朗『海軍設営戦記』図書出版社　昭和五十六年十二月十五日
佐用泰司・森茂『基地設営戦の全貌』鹿島建設技術研究所出版部　昭和二十八年十二月二十日
佐藤小太郎『バラレ海軍設営隊』プレジデント社　平成六年九月四日
防衛研修所戦史室『戦史叢書　海軍軍戦備〈2〉』朝雲新聞社　昭和五十年十月三十日
防衛研修所戦史室『戦史叢書　本土方面海軍作戦』朝雲新聞社　昭和五十年六月二十五日
防衛研修所戦史室『戦史叢書　海軍航空概史』朝雲新聞社　昭和五十一年六月三十日
横須賀市『新横須賀市史』通史編　近現代　平成二十六年八月三十一日
横須賀市『新横須賀市史』別編　軍事　平成二十四年十一月三十一日
横須賀海軍工廠『横須賀海軍船廠史』大正四年九月二十七日
海軍歴史保存会『日本海軍史』第一〜十一巻　平成七年十一月三十日
横須賀海軍工廠会『横須賀海軍工廠外史』横須賀海軍工廠会　平成三年一月二十七日
海軍大臣官房『海軍制度沿革』巻三　原書房復刻　昭和四十七年十月十五日
宮内省臨時編修局『明治天皇紀』巻三〜八　吉川弘文館　昭和四十四年十二月〜四十八年三月
日本航空協会『日本航空史』昭和五十年九月二十日

日本海軍航空史編集委員会『日本海軍航空史』四巻　時事通信社　昭和四十五年四月一日
奥宮正武『海軍航空隊全史』朝日ソノラマ　昭和六十三年十一月十日
米議会図書館所蔵「German-Japanese Air Technical Documents」
鳥居民『昭和二十年』六巻、十一巻　草思社文庫　平成二十七年八月八日、二十八年六月八日
富永謙吾『定本・太平洋戦争』下巻　国書刊行会　昭和六十一年六月十日
浦賀引揚援護局『浦賀引揚援護局史』(上)、(下)　ゆまに書房　平成十四年一月二十一日
引揚援護庁『引揚援護の記録』　昭和二十五年三月三十一日
海軍有終会『近世帝国海軍史要』　昭和十三年十二月十五日
横須賀市水道局『横須賀市水道史』　昭和四十八年
海人社『世界の艦船』――「日本戦艦史」　平成十九年十月十五日、「日本航空母艦史」　平成十六年五月十五日、「日本巡洋艦史」　平成三年九月十五日、「日本駆逐艦史」　平成四年七月十五日、「日本海軍護衛艦艇史」　平成八年二月十五日
「海軍」編集委員会『海軍』誠文図書　昭和五十六年九月十六日
寺谷武明『近代日本の造船と海軍』成山堂書店　平成八年一月二十八日
毛塚五郎『東京湾要塞歴史』第一巻　平成八年
厚生省援護局業務第二課『海軍復員の記録』上・下　昭和六十一年三月三十一日

和暦年．月	西暦	事　　項
昭和 16. 6	1941	館山に館山砲術学校新設、従来の学校を横須賀海軍砲術学校とす
16. 9	1941	横須賀で 3 個警備隊編成、以後 68 個に及ぶ
16.11	1941	武山に横須賀第 2 海兵団設置、従来の海兵団を横須賀第 1 海兵団と改称
17. 4	1942	横須賀鎮守府部隊の軍隊区分を決定
17. 4	1942	工廠にドゥーリットル空襲を受け、「大鯨」に被害
17. 6	1942	横須賀鎮守府担任空域を横須賀空域・霞ヶ浦空域・伊勢湾空域とす
18. 4	1943	横須賀砲術学校の分校を長井に設置
19. 3	1944	海軍機雷学校を海軍対潜学校と改称
19. 6	1944	横須賀通信学校藤沢分校を開設、19.9 海軍電測学校となる
20. 2	1945	海軍航空技術廠を第一海軍技術廠に改称、支廠に第二技術廠設置
20. 8	1945	海軍軍人の第 1 段解員に関する通達
20. 8	1945	米英軍上陸、横須賀鎮守府を米軍に引渡し 戸塚道太郎鎮守府長官、久里浜の通信学校の事務局に移る (~11.30)
20.10	1945	南太平洋諸島の陸海軍将兵を載せた「氷川丸」入港
20.10	1945	関東上陸地支局・海軍復員所・浦賀引揚民事務所の設置
20.11	1945	有馬水系の工事終了
21. 1	1946	復員業務を一本化した浦賀引揚援護局を海軍工作学校跡に移転
21. 4	1946	中国広東方面から入港した引揚船でコレラ患者発見、コレラ禍はじまる
22. 5	1947	浦賀引揚援護局を閉鎖
27. 4	1952	海上保安庁の下に海上警備隊発足．地方総監部を海軍水雷学校跡に設置
27. 8	1952	保安庁設置され、海上警備隊は海上保安庁を離れ警備隊となる
28.11	1953	田浦港町に術科学校開校
29. 7	1954	防衛庁発足し、警備隊は海上自衛隊となる 警備隊横須賀地方総監部は海上自衛隊横須賀地方総監部となる

和暦年.月	西暦	事　　項
明治 36.11	1903	横須賀海軍造船廠と同海軍兵器廠を併せて同海軍工廠を置く
38. 9	1905	第4船渠完成
40. 4	1907	水雷術練習所を水雷学校と、砲術練習所を砲術学校と改称
大正元.10	1912	追浜に海軍最初の飛行場建設
2. 3	1913	横須賀水雷団・同水雷敷設隊に代わって横須賀防備隊発足
3. 4	1914	海軍工機学校廃止、機関術科教育を海軍機関学校練習科に移管
5. 4	1916	追浜に海軍最初の横須賀航空隊設置
9. 6	1920	海兵団に練習部設置、4等水兵教育・下士官の特技教育を実施
10. 3	1921	半原水系の導水施設完成
10. 9	1921	センピル飛行団による各種航空術に関する講習開始
11. 2	1922	航空母艦「鳳翔」竣工
11. 8	1922	陸軍重砲兵射撃学校を陸軍重砲兵学校と改称
15.10	1926	関東大震災で損傷した鎮守府庁舎に代わる新庁舎の竣工
15.11	1926	「三笠」保存作業終了し保存式挙行
昭和 4. 8	1929	工廠機雷実験部に航空機実験部を設置
5. 6	1930	田浦に海軍通信学校を設置
5. 6	1930	海軍予科練習生制度（予科練）発足
5.10	1930	工廠に航空機発動機部を設置
7. 4	1932	航空機実験部・航空機発動機部等を併せ海軍航空廠を設置
8. 7	1933	五・一五事件に関する横須賀鎮守府軍法会議の公判開始
9. 4	1934	海軍航海学校開設
9.12	1934	防備戦隊が各軍港に配備、横須賀防備隊も防備戦隊に編入
12. 5	1937	甲種飛行予科練習生を設ける
14. 4	1939	海軍航空廠を海軍航空技術廠に改称
14. 4	1939	海軍工廠池上工員養成所の開設
15. 5	1940	戦艦「信濃」着工
16. 4	1941	久里浜に海軍機雷学校開設
16. 4	1941	釜利谷に海軍航空技術廠支廠を設置
16. 4	1941	久里浜に海軍工作学校設置、設営術・築城術等を教授

横須賀鎮守府関係年表

和暦年．月	西暦	事　　項
慶応元 7	1865	ヴェルニーを雇入れ
明治 3. 9	1870	英海軍大尉ホークス、「龍驤」で砲術に関する伝習開始
4. 1	1871	第一船渠竣工
4. 4	1871	横須賀製鉄所を横須賀造船所と改称
5. 2	1872	兵部省を廃止し海軍省・陸軍省設立
5.10	1872	横須賀造船所を工部省から海軍省に移管
5.11	1872	横須賀に提督府の設置を決定
8.10	1875	日本の海面を東西に分け、横浜に東部指揮官、長崎に西部指揮官を設置
8.11	1875	政府、ヴェルニーの解雇を通告、9.3.13 ヴェルニー離日
9. 9	1876	横浜に東海鎮守府を設置
9.12	1876	走水水系の水道施設完成
12. 9	1879	水雷術練習艦「摂津」で水雷術講習開始
13. 2	1880	横須賀海軍病院開設
17.12	1884	東海鎮守府を横須賀に移設し横須賀鎮守府と称す
19. 1	1886	水雷術練習艦「迅鯨」を長浦に置き、水雷術教育を継続
19. 2	1886	ベルタンを正式雇入れ
21. 8	1888	兵学校が築地から江田島移転、機関科生徒移動、横須賀に機関学校再興
21. 9	1888	横須賀造船所で大火、多くの施設焼失
22. 4	1889	逸見の東海水兵本営が横須賀海兵団になり、浦賀屯営廃止
22. 5	1889	横須賀造船所を横須賀鎮守府造船部とする
26. 8	1893	東京憲兵隊横須賀派遣隊を豊島村に設置
26.10	1893	海軍造船工学校を廃し、海軍機関学校に技手練習所を設置
27. 6	1894	「橋立」竣工
28. 4	1895	東京湾要塞司令部設置、初代司令官に黒田久孝
29. 3	1896	軍港司令官を廃止
29. 5	1896	要塞砲兵幹部練習所を陸軍要塞砲兵射撃学校と改称し馬堀に設置
30. 9	1897	横須賀鎮守府造船部を廃して横須賀海軍造船廠を置く
33. 5	1900	横須賀海軍兵器廠を設置
33. 5	1900	海軍教育本部設置、機関術練習所・砲術練習所・水雷術練習所を隷下に置く

横須賀鎮守府

二〇一七年（平成二十九年）五月二十七日　初版第一刷発行
二〇一九年（令和元年）　六月二十七日　初版第二刷発行

著者　田中宏巳

発行者――松信　裕
発行所――株式会社　有隣堂
本　社　横浜市中区伊勢佐木町一―四―一　郵便番号二三一―八六二三
出版部　横浜市戸塚区品濃町八八一―一六　郵便番号二四四―八五八五
電話〇四五―八二五―五五六三
印刷――図書印刷株式会社

ISBN978-4-89660-224-1 C0221

デザイン原案＝村上善男

有隣新書刊行のことば

国土がせまく人口の多いわが国においては、近来、交通、情報伝達手段がめざましく発達したためもあって、地方の人々の中央志向の傾向がますます強まっている。その結果、特色ある地方文化は、急速に浸蝕され、文化の均質化がいちじるしく進みつつある。その及ぶところ、生活意識、生活様式のみにとどまらず、政治、経済、社会、文化などのすべての分野で中央集権化が進み、生活の基盤であるはずの地域社会における連帯感が日に日に薄れ、孤独感が深まって行く。われわれは、このような状況のもとでこそ、社会の基礎的単位であるコミュニティの果たすべき役割を再認識するとともに、豊かで多様性に富む地方文化の維持発展に努めたいと思う。

古来の相模、武蔵の地を占める神奈川県は、中世にあっては、鎌倉が幕府政治の中心地となり、近代においては、横浜が開港場として西洋文化の窓口となるなど、日本史の流れの中でかずかずのスポットライトを浴びた。

有隣新書は、これらの個々の歴史的事象や、人間と自然とのかかわり合い、ときには、現代の地域社会が直面しつつある諸問題をとりあげながらも、広く全国的視野、普遍的観点から、時流におもねることなく地道に考え直し、人知の新しい地平線を望もうとする読者に日々の糧を贈ることを目的として企画された。

古人も言った、「徳は孤ならず必ず隣有り」と。有隣堂の社名は、この聖賢の言葉に由来する。われわれは、著者と読者の間に新しい知的チャンネルの生まれることを信じて、この辞句を冠した新書を刊行する。

一九七六年七月十日　有　隣　堂